Xilinx FPGA
原理及应用实例

——基于Zynq SoC和Vitis HLS

主编/冯志宇 管 春 胡 蓉

参编/刘期烈 孟 杨

重庆大学出版社

内容提要

本书以 Xilinx Zynq-7000 系列 FPGA 为平台,以 Verilog HDL 和 C/C++语言为基础,结合作者多年的教学经验,系统介绍了 FPGA 基础知识及 Zynq 架构、Verilog HDL 语法规则、组合/时序逻辑电路一般设计方法、数字逻辑电路 HDL 设计、Zynq SoC 嵌入式开发及 Vitis HLS 使用方法等内容。全书以 PYNQ-Z2 开发板为硬件平台,以 Vivado、Vitis 和 Vitis HLS 为开发工具,由浅入深、循序渐进,通过多个精心设计的实际案例讲解,让读者逐步掌握基于 HDL 的 FPGA 设计、Zynq SoC 嵌入式开发以及 Vitis HLS IP 生成与优化等 FPGA 设计与开发主流方法。

本书以实例为主线,注重理论与实践相结合,可以作为高等院校通信工程、自动化控制工程、电子工程及其他相近专业的教材,也可作为 FPGA 爱好者的参考用书。

图书在版编目(CIP)数据

Xilinx FPGA 原理及应用实例 : 基于 Zynq SoC 和

Vitis HLS / 冯志宇, 管春, 胡蓉主编. -- 重庆 : 重庆

大学出版社, 2024.2(2025.2 重印)

电子信息工程专业本科系列教材

ISBN 978-7-5689-4307-9

Ⅰ. ①X⋯ Ⅱ. ①冯⋯ ②管⋯ ③胡⋯ Ⅲ. ①可编程

序逻辑器件—系统设计—高等学校—教材 Ⅳ.

①TP332.1

中国国家版本馆 CIP 数据核字(2024)第 011142 号

Xilinx FPGA 原理及应用实例——基于 Zynq SoC 和 Vitis HLS
Xilinx FPGA YUANLI JI YINGYONG SHILI——JIYU Zynq SoC HE Vitis HLS
冯志宇 管 春 胡 蓉 主编
责任编辑:荀荟羽 版式设计:荀荟羽
责任校对:邹 忌 责任印制:张 策

*

重庆大学出版社出版发行

出版人:陈晓阳

社址:重庆市沙坪坝区大学城西路 21 号

邮编:401331

电话:(023) 88617190 88617185(中小学)

传真:(023) 88617186 88617166

网址:http://www.cqup.com.cn

邮箱:fxk@ cqup.com.cn(营销中心)

全国新华书店经销

重庆紫石东南印务有限公司印刷

*

开本:787mm×1092mm 1/16 印张:14.25 字数:336 千

2024 年 2 月第 1 版 2025 年 2 月第 2 次印刷

ISBN 978-7-5689-4307-9 定价:39.80 元

前　言

众所周知,目前 Xilinx 公司和 Intel 公司的 FPGA 产品占据全球 90% 以上的 FPGA 市场份额。而 Xilinx 公司的市场占有率更是超过 50% ,Zynq 就是其推出的新一代全可编程片上系统,它将处理器的软件可编程性和 FPGA 的硬件可编程性完美结合,具有较强的系统性能、灵活性与可扩展性。

本书以 Zynq-7000 为硬件平台,以 Vivado、Vitis 和 Vitis HLS 为开发环境,从一个初学者的角度,由浅入深地系统讲述了从 Verilog HDL 程序设计到 Zynq SoC 嵌入式(SDK/Vitis)开发流程,以及 Vitis HLS 高层次综合工具的使用方法。

本书共分 6 章,各章内容要点如下:第 1 章主要介绍 FPGA 基础知识和 Zynq 架构;第 2 章主要介绍 Verilog HDL 基本语法,为 FPGA 设计奠定基础;第 3 章主要介绍组合/时序逻辑电路的一般设计方法,包括模块化设计和 IP 的生成与调用;第 4 章主要介绍 4 个设计实例,让读者逐步掌握数字电路 HDL 设计方法;第 5 章主要介绍 Zynq SoC 嵌入式开发,包括 GPIO、AXI GPIO 和中断的使用实例;第 6 章主要介绍 Vitis HLS 基础知识及设计实例,让读者初步掌握 Vitis HLS 使用方法。

通过本书的学习,读者将能够掌握从基于 HDL 的 FPGA 设计到 PL-PS 联合开发,以及 Vitis HLS 生成 IP 等完整设计流程和方法,为后续深入学习和研究 FPGA 打下坚实基础。

本书特色:

①以实例为主线,注重工程实践能力培养。

②工程附有完整代码,适合零基础读者从入门到提高。

③涵盖 Verilog HDL 设计、Zynq SoC 嵌入式开发和 Vitis HLS 工具的使用,符合 FPGA 主流设计方向。

本书由冯志宇、管春、胡蓉主编,刘期烈、孟杨参编。其中,第 1 章、第 2 章由胡蓉编写,第 3 章、第 4 章由管春、刘期烈编写,第 5 章、第 6 章由冯志宇编写,全书由冯志宇统稿,孟杨负责教材修订和勘误工作。本书在编写过程中参考了许多学者的著作,还有一些网络资源和论文,在此一并表示感谢!

由于作者水平有限,加之 FPGA 技术博大精深,书中难免有错误和不妥之处,恳请读者批评指正。

编者

2023 年 8 月

目 录

FPGA硬件平台概述

1.1 FPGA 介绍

FPGA 的全称为 Field Programmable Gate Array，即现场可编程门阵列，是在可编程阵列逻辑（PAL）、通用阵列逻辑（GAL）和复杂可编程逻辑器件（CPLD）等可编程器件的基础上进一步发展的产物。作为专用集成电路（ASIC）领域中的一种半定制电路，它既弥补了定制电路的不足，又克服了原有可编程器件门电路数量有限的缺点。目前，FPGA 广泛应用在汽车、军用装备、图像处理、有线和无线通信、医药以及工业控制等诸多领域。

1.1.1 FPGA 基本结构

FPGA 的基本结构如图 1.1 所示，包括可编程输入/输出单元、基本可编程逻辑单元、嵌入式块 RAM、丰富的布线资源、底层嵌入功能单元和内嵌专用硬核等。

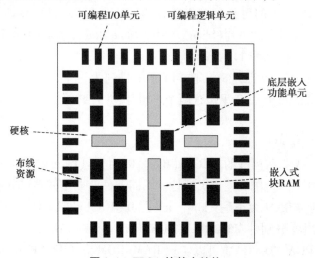

图 1.1 FPGA 的基本结构

(1) 可编程输入/输出单元

输入/输出(Input/Ouput)单元简称 I/O 单元,它们是芯片与外界电路的接口部分,完成不同电气特性下对输入/输出信号的驱动与匹配需求。为了使 FPGA 具有更灵活的应用,目前大多数 FPGA 的 I/O 单元被设计为可编程模式,即通过软件的灵活配置,可以适配不同的电气标准与 I/O 物理特性,还可以调整匹配阻抗特性、上下拉电阻,以及调整驱动电流的大小等。

可编程 I/O 单元支持的电气标准因工艺而异,不同芯片商、不同器件的 FPGA 支持的 I/O 标准不同。一般来说,常见的电气标准有 LVTTL、LVCMOS、SSTL、HSTL、LVDS、LVPECL 和 PCI 等。值得一提的是,随着 ASIC 工艺的飞速发展,目前可编程 I/O 支持的频率上限越来越高,一些高端 FPGA 通过 DDR 寄存器技术,甚至可以支持高达 2 Gbit/s 的数据速率。

(2) 基本可编程逻辑单元

基本可编程逻辑单元是可编程逻辑的主体,可以根据设计灵活地改变其内部连接与配置,完成不同的逻辑功能。FPGA 一般是基于 SRAM 工艺的,其基本可编程逻辑单元绝大多数是由查找表(LUT,Look Up Table)和寄存器(Register)组成。Xilinx 7 系列 FPGA 内部查找表为 6 输入,查找表一般完成纯组合逻辑功能。FPGA 内部寄存器结构相当灵活,可以配置为带同步/异步复位或置位、时钟使能的触发器,也可以配置成锁存器,FPGA 依赖寄存器完成同步时序逻辑设计。

一般来说,比较经典的基本可编程逻辑单元的配置是一个寄存器加一个查找表,但是不同厂商的寄存器与查找表也有一定的差异,而且寄存器与查找表的组合模式也不同。当然,这些可编程逻辑单元的配置结构随着器件的不断发展也在不断更新,最新的一些可编程逻辑器件常常根据需求设计新的 LUT 和寄存器的配置比率,并优化其内部的连接构造。

Xilinx 7 系列 FPGA 中的可编程逻辑单元叫 CLB(Configurable Logic Block,可配置逻辑块)。每个 CLB 里包含两个逻辑片(Slice)。每个 Slice 由 4 个查找表、8 个触发器和其他一些逻辑所组成。CLB 示意图如图 1.2 所示。

CLB 是逻辑单元的最小组成部分,在 FPGA 中排列为一个二维阵列,通过可编程互联连接到其他类似的资源。每个 CLB 里包含两个逻辑片,并且紧邻一个开关矩阵。

(3) 嵌入式块 RAM

目前大多数 FPGA 都有内嵌的块 RAM(Block RAM)。FPGA 内部嵌入可编程 RAM 模块,大大拓展了 FPGA 的应用范围和使用灵活性。不同器件商或不同器件族的内嵌块 RAM 的结构不同,Intel 常用的块 RAM 大小是 9 kbit。Intel 的块 RAM 非常灵活,一些高端器件内部同时含有 3 种块 RAM 结构,分别是 M512 RAM、M4K RAM、M9K RAM。

Xilinx 7 系列 FPGA 的块 RAM 可以实现 RAM、ROM 和 FIFO(First In First Out)缓冲器。每个块 RAM 可以存储最多 36 kB 的信息,并且可以被配置为一个 36 kB 的 RAM 或两个独立的 18 kB RAM。默认的字宽是 18 位,这种配置下每个 RAM 含有 2 048 个存储单元。RAM 还可以被"重塑"来包含更多、更小的单元(比如 4 096 单元×8 位,或 8 192 单元×4 位),或是另外

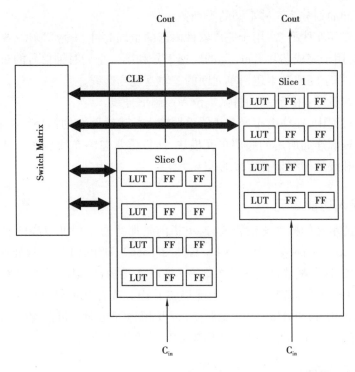

图 1.2　CLB 示意图

做成更少、更长的单元(如 1 024 单元×36 位,或 512 单元×72 位)。把两个或多个块 RAM 组合起来可以形成更大的存储容量。FPGA 中的块 Block RAM 示意图如图 1.3 所示。

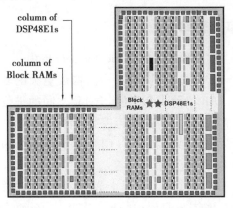

图 1.3　FPGA 中的 Block RAM 示意图

除了块 RAM 外,Xilinx 和 Intel 还可以灵活地将 LUT 配置成 RAM、ROM、FIFO 等存储结构,这种技术被称为分布式 RAM。根据设计需求,块 RAM 的数量和配置方式也是器件选型的一个重要标准。

(4)丰富的布线资源

布线资源连通 FPGA 内部的所有单元,而连线的长度和工艺决定着信号在连线上的驱动能力和传输速度。FPGA 芯片内部有着丰富的布线资源,这些布线资源根据工艺、长度、宽度和分布位置的不同而划分为 4 种不同的类别：

①全局性的专用布线资源：用于完成器件内部的全局时钟和全局复位/置位的布线。

②长线资源：用于完成芯片 Bank 间的高速信号和第二全局时钟信号的布线。

③短线资源：用于完成基本逻辑单元间的逻辑互连与布线。

④分布式布线资源：用于专有时钟、复位等控制信号线。

由于在设计过程中，往往由布局布线器根据输入的逻辑网表的拓扑结构和约束条件自动选择可用的布线资源连通所用的底层单元模块，所以常常忽略布线资源。从本质上讲，布线资源的使用方法和设计的结果有直接的关系。

（5）底层嵌入功能单元

底层嵌入功能单元的概念比较笼统，这里指的是那些通用程度较高的嵌入式功能模块，比如 PLL（Phase Locked Loop）、DLL（Delay Locked Loop）、DSP、CPU 等软处理核（Soft Core）。随着 FPGA 的发展，这些模块被越来越多地嵌入 FPGA 的内部，以满足不同场合的需求。

目前大多数 FPGA 厂商都在 FPGA 内部集成了 DLL 或者 PLL 硬件电路，用于完成时钟信号高精度、低抖动的倍频和分频，占空比调整，以及相移等功能。目前，高端 FPGA 产品集成的 DLL 和 PLL 资源越来越丰富，功能越来越复杂，精度越来越高。

（6）内嵌专用硬核

内嵌专用硬核是相对底层嵌入软核而言的，指 FPGA 处理能力强大的硬核（Hard Core），等效于 ASIC 电路。为了提高 FPGA 性能，芯片生产商在芯片内部集成了一些专用的硬核。

1.1.2　现代 FPGA 基本逻辑单元

Intel 可编程逻辑单元通常被称为 LE（Logic Element），由一个寄存器加一个 LUT 构成。Intel 大多数 FPGA 将 10 个 LE 有机地组合在一起，构成更大的功能单元——逻辑阵列模块（LAB，Logic Array Block）。LAB 中除了 LE 还包含 LE 之间的进位链、LAB 控制信号、局部互联线资源、LUT 级联链、寄存器级联链等连线与控制资源。

前面提到的 Xilinx 7 系列 FPGA 中的每个 CLB 里包含两个 Slice，每个 Slice 由 4 个查找表、8 个触发器和其他一些逻辑所组成。

查找表（Look-Up-Table）简称 LUT，其本质上为 RAM，一个 4 输入 LUT 中包括 4 位地址线的 16x1 的 RAM，4 输入 LUT 共有 16 种输出结果。若将这 16 种结果全部存储下来，就可以根据不同的地址输入"查找"出相应输出结果。LUT 实现 4 输入与门的示例如表 1.1 所示。

表 1.1　LUT 实现 4 输入与门的示例

实际逻辑电路	LUT 的实现方式

续表

实际逻辑电路		LUT 的实现方式	
a、b、c、d 输入	逻辑输出	地址	RAM 中存储的内容
0000	0	0000	0
0001	0	0001	0
…	0	…	0
1111	1	1111	1

LUT 仅仅是 FPGA 最基本的组成,FPGA 的复杂程度远远不能用 LUT 来描述。在 Xilinx FPGA 中,LUT 组成 LC(Logic Cell),进一步形成 Slice,Slice 才是 Xilinx FPGA 的最基本组成。而 Slice 上一级是 CLB,CLB 的实际数量会根据器件的不同而变化,CLB 之间的可编程互连是通过可配置的开关矩阵组成的,这样每个 CLB 模块不仅可以用于实现组合逻辑和时序逻辑,还可以配置为分布式 RAM 和分布式 ROM。

Xilinx FPGA 中逻辑块等级关系为 LC—Slice—CLB,在同一 Slice 的 LC 之间能快速互连,同一 CLB 中的 Slice 之间互连则稍慢些,最后是 CLB 之间的互连,这样可以比较容易地把它们彼此连在一起,同时也不会增加太多的互连延迟,从而达到优化平衡。

1.2　Zynq 介绍

Zynq 是 Xilinx 推出的新一代全可编程片上系统(APSoC),它将处理器的软件可编程性与 FPGA 的硬件可编程性进行整合,以提供更强的系统性能、灵活性与可扩展性。与传统 SoC(System on Chip)解决方案不同的是,高度灵活的可编程逻辑(FPGA)可以实现系统的优化和差异化,允许添加定制外设与加速器,从而适应各种广泛的应用。

Zynq 的本质特征是组合了一个双核 ARM Cortex-A9 处理器和一个传统的现场可编程门阵列(FPGA)逻辑部件。由于该新型器件的可编程逻辑部分基于 Xilinx 28nm 工艺的 7 系列 FPGA,因此该系列产品的名称中添加了"7000",以保持与 7 系列 FPGA 的一致性,同时也方便日后本系列新产品的命名。

Zynq-7000 系列是 Xilinx 于 2010 年 4 月推出的行业第一个可扩展处理平台,旨在为视频监视、汽车驾驶员辅助以及工厂自动化等高端嵌入式应用提供所需的处理能力与计算性能。这款基于 ARM 处理器的 SoC 可满足复杂嵌入式系统的高性能、低功耗和多核处理能力等要求。

片上系统 SoC 是指在一个芯片里实现存储、处理、逻辑和接口等各个功能模块,与板上系统相比,SoC 的解决方案成本更低,能在不同的系统单元之间实现更快更安全的数据传输,具有更高的整体系统速度、更低的功耗、更小的物理尺寸和更好的可靠性。

1.2.1　Zynq 架构简介

Zynq 是由两个主要部分组成的:一个由双核 ARM Cortex-A9 为核心构成的处理系统

（Processing System，PS）和一个等价于一片 FPGA 的可编程逻辑（Programmable Logic，PL）部分。如图 1.4 所示的 Zynq 架构中，PS 具有固定的架构，包含处理器和系统的存储器；而 PL 完全是灵活的，给了设计者一块"空白画布"来创建定制的外设。

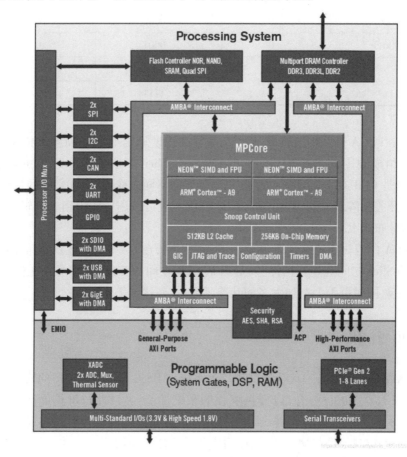

图 1.4 Zynq 架构

在 Zynq 上，ARM Cortex-A9 是一个应用级的处理器，能运行 Linux 操作系统，而可编程逻辑是基于 Xilinx 7 系列的 FPGA 架构。Zynq 架构实现了工业标准的 AXI（Advanced eXtensible Interface，高级可拓展接口），在芯片的两个部分之间实现了高带宽、低延迟的连接。这意味着处理器和逻辑部分各自都可以发挥最佳的用途，而不会产生在两个分立器件之间的接口开销。同时又能获得系统被简化为单一芯片所带来的好处，包括物理尺寸和整体成本的降低。

Zynq PL 部分等价于 Xilinx 7 系列 FPGA，有关 FPGA 的架构前面章节已经介绍过了，不再赘述。需要说明的是，在 Zynq 的 PL 端有一个数模混合模块——XADC，它是一个硬核，包含两个模数转换器（ADC）、一个模拟多路复用器、片上温度和片上电压传感器等。可以利用这个模块监测芯片温度和供电电压，也可以用来测量外部的模拟电压信号。

1.2.2 Zynq PS 简介

Zynq 实际上是一个以处理器为核心的系统，PL 只是它的一个外设。Zynq-7000 系列的亮点在于它包含了完整的 ARM 处理器系统，且处理器系统中集成了内存控制器和大量的外设，使 Cortex-A9 处理器可以完全独立于可编程逻辑单元。而且在 Zynq 中,PL 和 PS 两部分的供电电路是独立的,这样 PS 或 PL 部分不被使用时就可以被断电。

值得一提的是,FPGA 可以用来搭建嵌入式处理器,如 Xilinx 的 MicroBlaze 处理器或者 Intel 的 Nios Ⅱ 处理器都属于"软核"处理器,它的优势在于处理器的数量以及实现方式的灵活性。而 Zynq 中集成的是一颗"硬核"处理器,它是硅芯片上专用且经过优化的硬件电路。硬核处理器的优势是它可以获得相对较高的性能。另外,Zynq 中的硬核处理器和软核处理器并不冲突,完全可以使用 PL 的逻辑资源搭建一个 MicroBlaze 软核处理器,与 ARM 硬核处理器协同工作。需要注意的是,Zynq 处理器系统里并非只有 ARM 处理器,还有一组相关的处理资源,形成了一个应用处理器单元(Application Processing Unit,APU),另外还有扩展外设接口、cache 存储器、存储器接口、互联接口和时钟发生电路等。

Zynq 处理器系统(PS)示意图如图 1.5 所示,其中右上角区域为 APU。

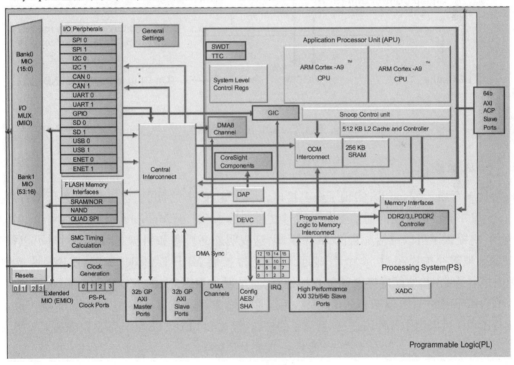

图 1.5　PS 系统示意图

(1)APU

如图 1.6 所示,APU 主要是由两个 ARM 处理器核组成的,每个核都关联了一些可计算的单元:一个 NEONTM 媒体处理引擎(Media Processing Engine,MPE)和浮点单元(Floating Point Unit,FPU);一个内存管理单元(Memory Management Unit,MMU)和一个一级 cache 存储器(分为指令和数据两个部分)。APU 里还包含两个 ARM 处理器共用的一个二级 cache 存储器和一个片上存储器(On Chip Memory,OCM),它们通过一致性控制单元(Snoop Control Unit,SCU)与 ARM 核之间形成了桥连接。SCU 还部分负责与 PL 对接,图中没有标出这个接口。

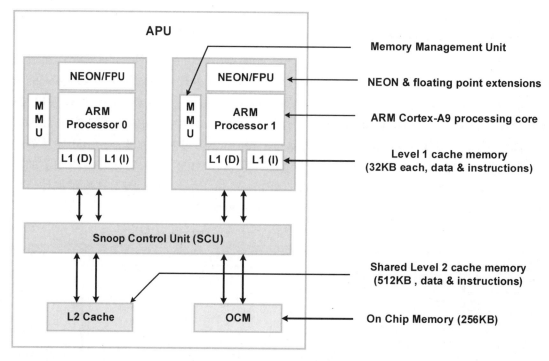

图 1.6　APU 简化示意图

（2）外部接口

如图 1.5 所示,Zynq PS 实现了众多接口,既有 PS 和 PL 之间的,也有 PS 和外部部件之间的。PS 和外部接口之间的通信主要是通过复用的输入/输出(Multiplexed Input/Output,MIO)实现的,它提供了可以灵活配置的 54 个引脚,这表明外部设备和引脚之间的映射是可以按需定义的。当需要扩展超过 54 个引脚时,可以通过扩展 MIO(Extended MIO,EMIO)来实现,EMIO 并不是 PS 和外部连接之间的直接通路,而是通过共用 PL 的 I/O 资源来实现的。

PS 中可用的 I/O 包括标准通信接口和通用输入/输出(General Purpose Input/Output,GPIO),GPIO 可以用作各种用途,包括简单的按钮、开关和 LED。PS 的外部接口如表 1.2 所示。

表 1.2　PS 的外部接口

I/O 接口	说明
SPI（x2）	串行外设接口(Serial Peripheral Interface)——基于 4 引脚接口的串行通信的事实标准,可以用于主机或从机模式
I²C（x2）	I²C 总线——与 I²C 总线标准第二版兼容,支持主机和从机模式
CAN（x2）	控制器区域网络(Controller Area Network)——兼容 ISO 11898-1,CAN 2.0A 和 CAN 2.0B 标准的接口控制器
UART（x2）	通用异步收发器(Universal Asynchronous Receiver Transmitter)——用于串行通信的低速数据调制解调器接口。常用于与主机 PC 终端连接
GPIO	通用输入/输出(General Purpose Input/Output)——有 4 组 GPIO,除第 2 组 22 位外,每组 32 位

续表

I/O 接口	说明
SD（x2）	用于和 SD 卡存储器对接
USB（x2）	通用串行总线（Universal Serial Bus）——兼容 USB 2.0，可以做主机、设备或灵活配置为 OTG 模式
ENET（x2）	以太网——以太网 MAC 外设，支持 10 Mb/s、100 Mb/s 和 1 Gb/s 模式

（3）存储器接口

Zynq-7000 AP SoC 上的存储器接口单元包括一个动态存储器控制器和几个静态存储器接口模块。动态存储器控制器可以用于 DDR3、DDR3L、DDR2 或 LPDDR2。静态存储器控制器支持一个 NAND 闪存接口、一个 Quad-SPI 闪存接口、一个并行数据总线和并行 NOR 闪存接口。

（4）片上存储器

片上存储器包括 256 kB 的 RAM（OCM）和 128 kB 的 ROM（BootROM）。OCM 支持两个 64 位 AXI 从机接口端口，一个端口专用于通过 APU SCU 的 CPU/ACP 访问，而另一个是由 PS 和 PL 内其他所有的总线主机所共享的。BootROM 是 Zynq 芯片上的一块非易失性存储器，它包含了 Zynq 所支持的配置器件的驱动。BootROM 对于用户是不可见的，专门保留且只用于引导的过程。

（5）AXI 接口

Zynq 将高性能 ARM Cotex-A 系列处理器与高性能 FPGA 在单芯片内紧密结合，为设计带来了如减小体积和功耗，降低设计风险，增加设计灵活性等诸多优点。在将不同工艺特征的处理器与 FPGA 融合在一个芯片上之后，片内处理器与 FPGA 之间的互联通路就成了 Zynq 芯片设计的重中之重。如果 Cotex-A9 与 FPGA 之间的数据交互成为瓶颈，那么处理器与 FPGA 结合的性能优势就不能发挥出来。

Xilinx 从 Spartan-6 和 Virtex-6 系列开始使用 AXI 协议来连接 IP 核。在 7 系列和 Zynq-7000 AP SoC 器件中，Xilinx 在 IP 核中继续使用 AXI 协议。AXI 的英文全称是 Advanced eXtensible Interface，即高级可扩展接口，它是 ARM 公司所提出的 AMBA（Advanced Microcontroller Bus Architecture）协议的一部分。

AXI 协议是一种高性能、高带宽、低延迟的片内总线，具有如下特点：

①总线的地址/控制和数据通道是分离的。

②支持不对齐的数据传输。

③支持突发传输，突发传输过程中只需要首地址。

④具有分离的读/写数据通道。

⑤支持显著传输访问和乱序访问。

⑥更加容易进行时序收敛。

在数字电路中只能传输二进制数 0 和 1，因此可能需要一组信号才能高效地传输信息，这一组信号就组成了接口。AXI4 协议支持以下三种类型的接口：

①AXI4：高性能存储映射接口。

②AXI4-Lite：简化版的 AXI4 接口，用于较少数据量的存储映射通信。

③AXI4-Stream：用于高速数据流传输，非存储映射接口。

首先解释一下存储映射（Meamory Map）的概念。如果一个协议是存储映射的，那么主机所发出的会话（无论读或写）就会标明一个地址。这个地址对应于系统存储空间中的一个地址，表明是针对该存储空间的读写操作。

AXI4 协议支持突发传输，主要用于处理器访问存储器等需要指定地址的高速数据传输场景。AXI-Lite 为外设提供单个数据传输，主要用于访问一些低速外设中的寄存器。而 AXI-Stream 接口则像 FIFO 一样，数据传输时不需要地址，在主从设备之间直接连续读写数据，主要用于如视频、高速 AD、PCIe、DMA 接口等需要高速数据传输的场合。

PS 和 PL 之间的主要连接是通过一组 9 个 AXI 接口，每个接口由多个通道组成。这些形成了 PS 内部的互联以及与 PL 的连接，如表 1.3 所示。

表 1.3 PS 与 PL 的 AXI 接口

Interface Name	Interface Description	Master	Slave
M_AXI_GP0	General Purpose（AXI_GP）	PS	PL
M_AXI_GP1		PS	PL
S_AXI_GP0	General Purpose（AXI_GP）	PL	PS
S_AXI_GP1		PL	PS
S_AXI_ACP	Accelerator Coherency Port（AXI_ACP），cache coherent transaction	PL	PS
S_AXI_HP0	High Performance Ports（AXI_HP）with read/write FIFOs（Note that AXI_HP interfaces are sometimes referred to as AXI FIFO Interfaces，or AFIs）	PL	PS
S_AXI_HP1		PL	PS
S_AXI_HP2		PL	PS
S_AXI_HP3		PL	PS

表 1.3 给出了每个接口的简述，标出了主机和从机。需要注意的是，接口命名的第一个字母表示的是 PS 的角色，也就是说，第一个字母"M"表示 PS 是主机，而第一个字母"S"表示 PS 是从机。

表 1.3 中 PS 和 PL 之间的 9 个 AXI 接口可以分成三种类型：

①通用 AXI（General Purpose AXI，GP）：一条 32 位数据总线，适合 PL 和 PS 之间的中低速通信。接口是透传的，不带缓冲。总共有四个通用接口，两个 PS 做主机，另两个 PL 做主机。

②加速器一致性端口（Accelerator Coherency Portt，ACP）：在 PL 和 APU 内的 SCU 之间的

单个异步连接,总线宽度为 64 位。这个端口用来实现 APU cache 和 PL 的单元之间的一致性。PL 做主机,PS 做从机。

③高性能端口(High Performance Ports,HP):4 个高性能 AXI 接口,带有 FIFO 缓冲来提供"批量"读写操作,并支持 PL 和 PS 中的存储器单元的高速率通信。数据宽度是 32 或 64 位,在所有 4 个接口中,PL 都是做主机的。

上面的每条总线都是由一组信号组成的,这些总线上的会话是根据 AXI4 总线协议进行通信的。

1.3　PYNQ-Z2 简介

PYNQ-Z2 是一款基于 Xilinx Zynq-7000 SoC 的开发板,结合了 FPGA 和处理器的优势,可用于高性能计算、机器学习、数字信号处理等领域。该开发板采用了 Python 开发支持库,提供了一种易于使用的方法来控制和管理 FPGA 的可编程逻辑和处理器系统。板卡实物如图 1.7 所示。

图 1.7　PYNQ-Z2 板卡

Xilinx 官网资料显示,PYNQ-Z2 拥有丰富的可编程资源、I/O 接口、存储单元和拓展接口:
①Zynq XC7Z020-1CLG400C:
- 650MHz 双核 Cortex-A9 处理器;
- DDR3 内存控制器,具有 8 个 DMA 通道和 4 个高性能 AXI3 从端口;
- 高带宽外设控制器:1 Gb/s 以太网,USB 2.0,SDIO;
- 低带宽外设控制器:SPI,UART,CAN,I^{2}C;
- 可从 JTAG、Quad-SPI 闪存和 microSD 卡进行编程;
- Artix-7 系列可编程逻辑;
- 13,300 个逻辑片,每个具有四个 6 输入 LUT 和 8 个触发器;
- 630 kB 的快速 block RAM;
- 4 个时钟管理片,每个片都有一个锁相环(PLL)和混合模式时钟管理器(MMCM);

- 220 DSP 切片；
- 片上模数转换器（XADC）。

②存储：

- 带有 16 位总线@1 050 Mb/s 的 512 MB DDR3；
- 16 MB Quad-SPI 闪存，具有出厂编程的全球唯一标识符（兼容 48 位 EUI-48/64™）；
- MicroSD 插槽。

③供电：

- 由 USB 或任何 7～15 V 电源供电。

④USB 和以太网：

- 千兆以太网 PHY；
- USB-JTAG 编程电路；
- USB-UART 桥；
- USB OTG PHY（仅支持主机）。

⑤音频和视频：

- 具有 24 bit DAC 且支持 I2S 协议的 3.5 mm TRRS 插孔；
- 3.5 mm 线路输入插口；
- HDMI 接收端口（输入）；
- HDMI 源端口（输出）。

⑥开关、按钮和 LED：

- 4 个按钮；
- 2 个滑动开关；
- 4 个 LED；
- 2 个 RGB LED。

⑦扩展连接器：

- 两个标准 Pmod 端口；
- 16 个 FPGA I/O 接口（与树莓派接口共享 8 个 Pin）；
- Arduino 屏蔽连接器；
- 24 个 FPGA I/O；
- 6 个 XADC 的单端 0～3.3V 模拟输入；
- Raspberry Pi 连接器；
- 28 个 FPGA I/O（与 Pmod A 接口共享 8 个）。

在开发方面，PYNQ-Z2 使相关人员能够在无须设计可编程逻辑电路的情况下即可充分发挥 Xilinx Zynq 全可编程 SoC 的功能。通过 PYNQ-Z2，可编程逻辑电路将作为硬件库导入并通过其 API（Application Programming Interface，这里指 SDK 或 Vitis）进行编程，其方式与导入和编程软件库基本相同，很大程度上节省了软件开发人员的学习成本。

有关 PYNQ-Z2 的详细介绍，可以参看官方提供的 PYNQ_Z2_User_Manual_v1.1 文档。总之，PYNQ-Z2 是一款高性能低成本的 FPGA 开发平台，适合 FPGA 初学者和业余爱好者使用。

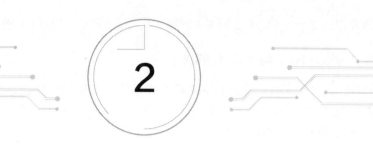

Verilog HDL语法基础

Verilog HDL(Hardware Description Language)是在 C 语言的基础上发展而来的一种硬件描述语言,具有灵活性高、易学易用等特点。Verilog HDL 可以在较短的时间内学习和掌握,目前已经在 FPGA 开发/IC 设计领域占据绝对的领导地位。

2.1 Verilog HDL 概述

Verilog HDL 是一种硬件描述语言,并以文本形式来描述数字系统硬件的结构和行为,可以表示逻辑电路图、逻辑表达式,还可以表示数字逻辑系统所实现的逻辑功能。数字电路设计者利用这种语言,以自顶向下的设计思想,用一系列分层次的模块来描述极其复杂的数字系统。然后利用电子设计自动化(EDA)工具,逐层进行仿真验证,再把其中需要转变为实际电路的模块组合在一起,经过自动综合工具转换为门级电路网表。最后利用专用集成电路 ASIC 或 FPGA 自动布局布线工具,把网表转换为要实现的具体电路结构。

Verilog HDL 语言最初是于 1983 年由 Gateway Design Automation 公司为其模拟器产品开发的硬件建模语言。由于他们的模拟器、仿真器产品的广泛使用,Verilog HDL 作为一种便于使用且实用的语言逐渐为众多设计者所接受,并于 1995 年正式成为 IEEE 标准,称为 IEEE Std1364-1995,也就是通常所说的 Verilog-95。

2001 年,Verilog HDL 进行了修正和扩展,这个扩展后的版本后被称为 Verilog-2001,是对 Verilog-95 的一个重大改进版本,具备一些新的实用功能,例如敏感列表、多维数组、生成语句块、命名端口连接等。目前,Verilog-2001 是 Verilog HDL 最主流版本,被大多数商业电子设计自动化软件支持。

2.1.1 Verilog HDL 与 C 语言的区别

Verilog HDL 是硬件描述语言,在编译下载到 FPGA 之后,会生成电路,所以 Verilog HDL 全部是并行处理与运行的;C 语言是软件语言,编译下载到单片机/CPU 之后,还是软件指令,不会根据代码生成相应的硬件电路,而单片机/CPU 处理软件指令需要取址、译码、执行,是串行执行的。

Verilog HDL 和 C 语言的区别也是 FPGA 和单片机/CPU 的区别,由于 FPGA 全部并行处理,所以处理速度非常快,这是 FPGA 的最大优势,也是单片机/CPU 替代不了的。

2.1.2　Verilog HDL 与 VHDL 的区别

Verilog HDL 和 VHDL 都是数字电路系统设计中常用的硬件描述语言,VHDL 于 1987 年成为 IEEE 标准,Verilog HDL 于 1995 年成为 IEEE 标准。Verilog HDL 之所以能成为 IEEE 标准,在于其独特的优越性和强大的生命力。

Verilog HDL 和 VHDL 各自的特点如下:

（1）语法特点

Verilog HDL 和 VHDL 最大的差别在语法上,Verilog HDL 是一种类 C 语言,而 VHDL 是一种 ADA(Action Data Automation,行动数据自动化)语言。由于 C 语言简单易用且应用广泛,因此也使得 Verilog HDL 语言容易学习,如果有 C 语言学习的基础,很快就能够掌握;相比之下,VHDL 语句较为晦涩,使用难度较大。

（2）运用群体

由于 Verilog HDL 早在 1983 年就已推出,至今已有 40 多年的应用历史,因而 Verilog HDL 拥有更加广泛的设计群体,成熟的资源也比 VHDL 丰富。

（3）优势不同

传统观念认为 Verilog HDL 在系统级抽象方面较弱,不太适合大型的系统;VHDL 侧重于系统描述,从而更多地为系统级设计人员所采用;Verilog HDL 侧重于电路级描述,从而更多地为电路设计人员所采用。但这两种语言仍处于不断完善之中,都在朝着更高级、更强大描述语言的方向前进。其中,经过 IEEE Verilog HDL 2001 标准补充之后,Verilog HDL 语言的系统级描述性能和可综合性能有了大幅度提高。

2.1.3　Verilog HDL 与 VHDL 的共同特点

Verilog HDL 与 VHDL 的共同特点包括:
①能形式化地抽象表示电路的行为和结构。
②支持逻辑设计中层次与范围的描述。
③可借用高级语言的精巧结构来简化电路行为和结构。
④支持电路描述由高层到低层的综合转换。
⑤硬件描述和实现工艺无关。

目前版本的 Verilog HDL 和 VHDL 在行为级抽象建模的覆盖范围方面有所不同。通常认为 Verilog HDL 在系统级抽象方面要比 VHDL 略差一些,而在门级开关电路描述方面要强于 VHDL。

Verilog HDL 推出已经有 40 多年了,拥有广泛的设计群体、成熟的资源,且 Verilog HDL 容易掌握,只要有 C 语言的编程基础,通过比较短的时间,经过一些实际的操作,可以在一个月左右掌握这种语言。而 VHDL 设计相对要难一点,这是因为 VHDL 不是很直观,一般认为至少要半年以上的专业培训才能掌握。因此,本书全部例程都是使用 Verilog HDL 开发的。

2.2 Verilog HDL 的关键字和标识符

2.2.1 关键字

Verilog HDL 和 C 语言类似,都定义了一系列保留字,称为关键字(或关键词)。这些保留字是识别语法的关键。表 2.1 列出了 Verilog HDL 中的所有关键字。

表 2.1 Verilog HDL 中的所有关键字

and	always	assign	begin	buf
bufif0	bufif1	case	casex	casez
cmos	deassign	default	defparam	disable
edge	else	end	endcase	endfunction
endprimitive	endmodule	endspecify	endtable	endtask
event	for	force	forever	fork
function	highz0	highz1	if	ifnone
initial	inout	input	integer	join
large	macromodule	medium	module	nand
negedge	nor	not	notif0	notif1
nmos	or	output	parameter	pmos
posedge	primitive	pulldown	pullup	pull0
pull1	rcmos	real	realtime	reg
release	repeat	rnmos	rpmos	rtran
rtranif0	rtranif1	scalared	small	specify
specparam	strength	strong0	strong1	supply0
supply1	table	task	tran	tranif0
tranif1	time	tri	triand	trior
trireg	tri0	tri1	vectored	wait
wand	weak0	weak1	while	wire
wor	xnor	xor		

需要说明的是,Verilog HDL 是建立在硬件电路基础上的硬件描述语言,有些语法结构是不能与实际硬件电路对应起来的,比如 for 循环是不能映射成实际硬件电路的。因此,Verilog HDL 硬件描述语言分为可综合和不可综合语言。

所谓可综合,是指所编写的 Verilog 代码能够被综合器转化为相应的电路结构。因此常用可综合语句来描述数字硬件电路。

所谓不可综合,是指所编写的 Verilog 代码无法综合生成实际的电路。因此,可以用来仿真、验证所描述的数字硬件电路。

尽管表 2.1 列出了那么多关键字,实际经常使用的并不多,只需要掌握可以被综合器综合的那部分关键字就可以了。常用的可综合关键字如表 2.2 所示。

表 2.2　Verilog HDL 常用关键字

关键字	含义
module	模块开始定义
input	输入端口定义
output	输出端口定义
inout	双向端口定义
parameter	信号的参数定义
wire	wire 信号定义
reg	reg 信号定义
always	产生 reg 信号语句的关键字
assign	产生 wire 信号语句的关键字
begin	语句的起始标志
end	语句的结束标志
posedge/negedge	时序电路的标志
case	case 语句起始标记
default	case 语句的默认分支标志
endcase	case 语句结束标记
if	if/else 语句标记
else	if/else 语句标记
for	for 语句标记
endmodule	模块结束定义

注意只有小写的关键字才是保留字。例如,标识符 always(关键词)与标识符 ALWAYS(非关键词)是不同的。

2.2.2　标识符

标识符(identifier)用于定义模块名、端口名和信号名等。Verilog HDL 的标识符可以是任意一组字母、数字、$ 和_(下划线)符号的组合,但标识符的第一个字符必须是字母或者下划线。另外,标识符是区分大小写的。以下是标识符的几个例子:

cnt

CNT

sys_clk

MUX8_1

不建议大小写混合使用,普通内部信号建议全部小写,参数定义建议大写,另外信号命名最好体现信号的含义。以下是相关规范建议的一些书写要求:

①用有意义的有效的名字如 sum、cpu_addr 等。

②用下划线区分词语组合,如 cpu_addr。

③采用一些前缀或后缀,比如:时钟采用 clk 前缀(如 clk_50m、clk_cpu);低电平采用_n 后缀(如 enable_n)。

④统一缩写,如全局复位信号 rst。

⑤同一信号在不同层次保持一致性,如同一个时钟信号必须在各模块保持一致。

⑥自定义的标识符不能与保留字(关键词)同名。

⑦参数统一采用大写,如定义参数使用 SIZE。

2.3　Verilog HDL 基本结构

在学习 Verilog HDL 基本语法之前,本节先以两个简单的实例引领大家进入 Verilog HDL 的世界,进而对 Verilog HDL 有一个基本的认识。

2.3.1　Verilog HDL 模块结构示例

(1)简单的组合逻辑电路示例

【例 2.1】设计一个一位半加器。

```
module half_adder (a,b,so,co);    //模块名
input a,b;                        //输入端口
output so,co;                     //输出端口
assign so = a ^ b;                //本位和 so=a⊕b
assign co = a & b;                //进位 co=ab
endmodule
```

例 2.1 定义了一个名为 half_adder 的模块,它有 a、b、so、co 4 个端口,其中 a、b 为输入端口,so、co 为输出端口。assign so=a^b 和 assign co=a&b 是逻辑功能的描述,表示本位和进位的表达式。其仿真波形如图 2.1 所示。

图 2.1　一位半加器仿真波形

例2.1 的另一种描述方法如例2.2所示。

【例2.2】一位半加器的另一种描述方法。

```
module half_adder(
input a,
input b,
output so,
output co
);
assign so = a ^ b;
assign co = a & b;
endmodule
```

以上两个例子只是写法不同,其描述的功能是一样的,推荐第二种描述方法。下面再介绍一个时序逻辑电路的实例。

(2)简单的时序逻辑电路示例

【例2.3】设计一个二分频时钟电路。

```
module freq_2(
input sysclk,
output div_clk
    );
reg c_out = 1' b0;
always@ ( posedge sysclk)
begin
    c_out = ~c_out;
end
assign div_clk = c_out;
endmodule
```

例2.3描述了一个二分频电路模块,即每出现一个 sysclk 的上升沿,c_out 的状态翻转一次,也就是说 c_out 由 0 变 1,要经历两个 sysclk 周期。其中 c_out 是中间变量,由于它在 always 块内被赋值,故被定义为 reg 类型的变量,其他变量没有单独声明,默认为 wire 类型。有关变量类型2.4节中有详细介绍。二分频模块的仿真波形如图2.2所示。

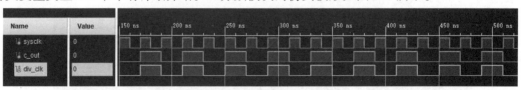

图2.2   二分频电路仿真波形

2.3.2　Verilog HDL 的基本结构

(1) module 的组成

从 2.3.1 节的两个例子可以看出,模块(module)是 Verilog HDL 结构的核心,每个模块对应电路中的逻辑实体。模块 module 由下面几部分组成。

1)模块声明

格式:

```
module 模块名(端口 1,…,端口 n);
```

例如:

```
module example (in1,out1,inout1);
```

2)输入/输出端口声明

格式:

```
input [n-1:0] 端口名;
output [n-1:0] 端口名;
inout [n-1:0] 端口名;
```

例如:

```
input [3:0] in1;        //定义一个端口名为 in1 的四位输入
```

3)信号类型声明

对信号的数据类型进行声明。

格式:

```
wire[n-1:0] 信号名;
reg[n-1:0] 信号名;
```

例如:

```
reg[3:0] sub;        //定义信号 sub 的数据类型为 4 位 reg 型
```

④逻辑功能描述

逻辑功能描述是模块 module 的核心,有以下几种常用的描述逻辑功能的方法:

数据流描述、结构描述、行为描述、混合描述。

有关以上 4 种描述方法举例见 2.7 节。

(2) Verilog HDL 结构要求

①Verilog HDL 程序是由模块构成的。每个模块嵌套在 module 和 endmodule 之间,模块

可以进行层次嵌套。

②每个 Verilog HDL 源文件中只有一个顶层模块,其他为子模块。

③每个模块要进行端口定义,并说明输入/输出端口,然后对模块的功能进行逻辑描述。

④模块中的时序逻辑部分在 always 块的内部,在 always 块内只能对 reg 型变量赋值。

⑤模块中对 wire 型变量的赋值必须在 always 块外使用 assign 语句,其作用是将寄存器的值传递出去。

⑥程序书写格式自由,一行可以写几条语句,一条语句也可以分多行书写。

⑦除 endmodule、begin…end 和 fork…join 语句外,每条语句和数据定义的末尾必须有分号。

⑧可用/ * …… */或//对程序的任何部分作注释,以增强程序的可读性和可维护性。

需要注意的是,模块的名称不能使用关键字,因为这样会使 Vivado 等 FPGA 开发软件无法分析语法进行综合。

2.4　Verilog HDL 的数据类型和常量

Verilog HDL 中主要有 19 种数据类型,常用的数据类型有 4 种:wire、reg、memory 和 parameter。常量值是不能被改变的,常量分为 3 类:整数型、实数型以及字符串型。本节依次介绍 Verilog HDL 中的 4 种逻辑值、3 类常量和 4 种数据类型。

2.4.1　逻辑值和常量

(1)逻辑值

Verilog HDL 中有 4 种逻辑值,分别代表 4 种逻辑状态:

逻辑 0:表示低电平,也就是对应电路的 GND;

逻辑 1:表示高电平,也就是对应电路的 VCC;

逻辑 X:表示未知状态,有可能是高电平,也有可能是低电平;

逻辑 Z:表示高阻态,外部没有激励信号,是一个悬空状态。

(2)常量

Verilog HDL 中,有 3 种类型的常量:整数型常量(整数)、实数型常量(实数)和字符串型常量。

1)整型常量

Verilog HDL 数字进制格式包括二进制(b)、八进制(o)、十进制(d)和十六进制(h),常用的为二进制、十进制和十六进制。数字进制的表达方式见表 2.3。

表 2.3　数字进制的表达方式

表达方式	说明	举例
<位宽>' <进制><数字>	完整的表达方式	8' b01101010、8' d106 或 8' h6a

续表

表达方式	说明	举例
<进制><数字>	位宽缺省,则默认为 32 位	h6a
<数字>	默认为 32 位的十进制数	106

2)实数型常量

十进制:如 3.1415926。

科学记数法:如 3.45e-1。

3)字符串型变量

Message = "hello world"   //将字符串 hello world 赋给变量 Message

2.4.2 Verilog HDL **的数据类型**

在 Verilog HDL 中,主要有四种数据类型,即寄存器类型(reg)、线网类型(wire)、存储器类型(memory)和参数类型(parameter),其中最为常用的数据类型是寄存器类型和线网类型。

(1)**寄存器类型**

寄存器类型表示一个抽象的数据存储单元,它只能在 always 语句和 initial 语句中被赋值,并且它的值从一个赋值到另一个赋值过程中被保存下来。如果该过程语句描述的是时序逻辑,即 always 语句带有时钟信号,则该寄存器变量对应为寄存器;如果该过程语句描述的是组合逻辑,即 always 语句不带有时钟信号,则该寄存器变量对应为硬件连线;寄存器类型的缺省值是 x(未知状态)。寄存器数据类型有很多种,如 reg、integer、real 等,其中最常用的就是 reg 类型,其使用方法如下:

```
reg [31:0]cnt_1ms;        //毫秒计数器
reg key_flag;        //按键标志
```

(2)**线网类型**

线网表示 Verilog HDL 结构化元件间的物理连线,它的值由驱动元件的值决定,例如连续赋值或门的输出。如果没有驱动元件连接到线网,其缺省值为 z(高阻态)。线网类型也有很多种,如 tri 和 wire 等,其中最常用的是 wire 类型,其使用方法如下:

```
wire rst_n;        //低电平有效的复位信号
wire[7:0] data;        //数据
```

(3)**存储器类型**

存储器实际上是一个寄存器数组,使用如下方式定义。

```
reg [msb:lsb] memory1 [upper1:lower1]
```

例如：

```
reg[3:0] mymem1[63:0]        //mymem1 为 64 个 4 位寄存器的数组
reg dog[5:1]         //dog 为 5 个 1 位寄存器的数组,即 dog[1]~dog[5]
```

以下赋值是合法的：

```
dog[4] = 1;        //对其中一个 1 位寄存器赋值
dog[5:1] = 0;         //对存储器大范围赋值
```

（4）参数类型

参数其实就是一个常量,常被用于定义状态机的状态、数据位宽和延迟大小等,由于它可以在编译时修改参数的值,因此又常被用于一些参数可调的模块中,让用户在实例化模块时,可以根据需要配置参数。在定义参数时,可以一次定义多个参数,参数与参数之间需要用逗号隔开。需要注意的是参数的定义是局部的,只在当前模块中有效。其使用方法如下：

```
parameter DATA_WIDTH = 8;        //数据位宽为 8 位
```

在模块调用时,可以通过参数传递（#）改变 parameter 的值以增加模块调用的灵活性。举例说明：

【例 2.4】parameter 参数传递。

```
module adder(a,b,sum);
parameter time_delay = 5,time_count = 10;
......
endmodule

module top;
wire [2:0] a1,b1;
wire [3:0] a2,b2,sum1;
wire [4:0] sum2;
adder #(4,8)AD1(a1,b1,sum1);        //time_delay = 4,time_count = 8
adder #(6)AD2(a2,b2,sum2);        //time_delay = 6,time_count = 10
endmodule
```

例 2.4 定义了 2 个模块,其中,top 是顶层模块,adder 为子模块,top 第一次调用 adder 时,将 time_delay=5、time_count=10 修改为 time_delay=4、time_count=8；第 2 次调用 adder 时,只将 time_delay 的值由 5 改为 6,time_count 保持原值。

2.5　Verilog HDL 的运算符

使用 Verilog HDL 运算符可以完成基本的运算,运算符按照功能可以分为如下类型:算术运算符、逻辑运算符、关系运算符、等式运算符、位运算符、缩减运算符、移位运算符、拼接运算符、条件运算符。下面分别对这些运算符进行介绍。

2.5.1　算术运算符和逻辑运算符

(1)算术运算符

常用的算术运算符主要包括加、减、乘、除和模除(模除运算也叫取余运算),如表 2.4 所示。

表 2.4　算术运算符

符号	说明	用法
+	加	a+b
−	减	a − b
*	乘	a * b
/	除	a / b
%	模除(取余)	a % b

在进行整数的除法运算时,结果只保留整数部分;而进行模除运算时,结果的符号位与第一个操作数的符号相同。例如: $-10\%3 = -1, 10\% -3 = 1$。

在进行算术运算时,若某个操作数有不确定的值 x,则运算结果也为不确定值 x。

Verilog HDL 实现乘/除比较浪费组合逻辑资源,尤其是除法。通常 2 的指数次幂的乘/除法使用移位运算符来完成运算;非 2 的指数次幂的乘/除法一般是调用现成的 IP。

(2)逻辑运算符

逻辑运算符是连接多个关系表达式用的,可实现更加复杂的判断,一般不单独使用,需要配合具体语句来实现完整的含义,通常用于条件判断词句中,如表 2.5 所示。

表 2.5　逻辑运算符

符号	说明	用法
!(单目)	逻辑非	!a　若 a=0,则!a=1
&&(双目)	逻辑与	a&&b　只有 a 和 b 都为 1,a&&b 结果才为 1,表示真
||(双目)	逻辑或	a||b　只要 a 或者 b 有一个为 1,a||b 结果为 1,表示真

通常而言,逻辑运算的结果要么为真(1),要么为假(0)。特例是若有一个输入为未知 x,那么结果也是 x。例如:4' b0010&&4' b1001 = 1,4' b1010&&4' b0000 = 0。

2.5.2 关系运算符和等式运算符

(1)关系运算符

关系运算符主要用于条件判断语句,如表 2.6 所示。

表 2.6 关系运算符

符号	说明	用法
>	大于	a > b
<	小于	a < b
>=	大于等于	a >= b
<=	小于等于	a <= b
==	等于	a == b
!=	不等于	a != b

在进行关系运算符时,如果声明的关系是假的,则返回值是 0;如果声明的关系是真的,则返回值是 1;若某操作数为不确定值 x,则返回值也为 x。

关系运算符之间具有相同的优先级,但都低于算术运算符。例如:cnt<=delay-1 与 cnt<= (delay-1)是相同的。

(2)等式运算符

等式运算符一般也用于条件判断语句,如表 2.7 所示。

表 2.7 等式运算符

符号	说明	用法
==	等于	a==b
!=	不等于	a! =b
===	全等	a===b
!==	不全等	a! ==b

"=="和"!="称为逻辑等式运算符,其结果可能为 1 或 0 或 x,两个操作数必须逐位相等,结果才为 1;若某些位为 x 或 z,则结果为 x。

"==="和"!=="常用于 case 表达式的判别,又称作 case 等式运算符。其结果只能是 1 或 0。若两个操作数的相应位完全一致(如同是 1,或同是 0,或同是 x,或同是 z),则结果为 1;否则为 0。

2.5.3 位运算符和缩减运算符

(1)位运算符

位运算符是一类最基本的运算符,对应于数字逻辑中的与、或、非门、异或及同或等逻辑门。常用的位运算符如表2.8所示。

表2.8　位运算符

符号	说明	用法
~	按位取反	~ a
&	按位与	a&b
|	按位或	a | b
^	按位异或	a ^ b
^~ , ~^	按位同或	a^~b 或者 a~^b

位运算符的与(&)、或(|)、非(~)与逻辑运算符的逻辑与(&&)、逻辑或(||)、逻辑非(!)使用时候容易混淆,逻辑运算符一般用于条件判断,位运算符一般用于信号赋值。

按位运算要求对两个操作数的相应位逐位进行运算,不同长度的数据进行位运算时,位少的操作数会在相应的高位补0,位运算结果与位数高的操作数位数相同。例如:~(1001&101)=1110。

(2)缩减运算符

表2.9给出了Verilog HDL的缩减运算符,其运算规则与位运算相似,但功能不同。缩减运算是对操作数的每一位逐位运算,最终结果为一位二进制数。

表2.9　缩减运算符

符号	说明	用法
&	与	&a
~ &	与非	~ &a
|	或	|a
~ |	或非	~ |a
^	异或	^a
^~ , ~^	同或	^~a 或者 ~^a

缩减运算符运算规则示例:reg[3:0]a; b=&a 等效于b=((a[0]&a[1])&a[2])&a[3]; b= ~ |a 等效于b= ~(((a[0]|a[1])|a[2])|a[3])。例如:&4' bx111=x,&4' bz111=x, ~ &4' bx001=1, ~ |4' bz001=0。

2.5.4　移位运算符和拼接运算符

(1)移位运算符

移位运算符包括左移位运算符和右移位运算符,这两种移位运算符都用0来填补移出的空位,如表2.10所示。

如果移出的数不包含 1,那么左移相当于乘以 2;但不管有没有 1 被移出,右移总能得到除以 2 的结果。比如:a=4' b0110,执行 a<<1 后,a=4' b1100,即 6×2=12;再次执行 a<<1 后,a=4' b1000,因为有 1 溢出,所以结果不是 12 的 2 倍。若 a=4' b0110,执行 a>>1 后,得到 a=4' b0011,再次执行 a>>1,得到 a=4' b0001,符合右移 1 位相当于除以 2 的规律。

表 2.10　移位运算符

符号	说明	用法
<<	左移	a << n 表示 a 左移 n 位
>>	右移	a >> n 表示 a 右移 n 位

若 a 是一个 5 位的寄存器,那么 a=4' b1001<<1,得到 a=5' b10010。但若 a 是一个 4 位的寄存器,执行 a=4' b1001<<1,得到 a=4' b0010。

(2)拼接运算符

Verilog HDL 中有一个特殊的运算符是 C 语言中没有的,就是位拼接运算符。用这个运算符可以把两个或多个信号的某些位拼接起来进行运算操作,如表 2.11 所示。

表 2.11　拼接运算符

符号	说明	用法
{}	位拼接	{信号 1 的某几位,信号 2 的某几位,……,信号 n 的某几位}

例如:

```
{a,b[2:0],2' b10}        //等同于{a,b[2],b[1],b[0],1' b1,1' b0}
{4{w}}       //等同于{w,w,w,w}
{a,{3{b,c}}}         //等同于{a,b,c,b,c,b,c}
```

值得注意的是,在位拼接表达式中,不允许存在没有指明位数的信号,若未指明,则默认为 32 位的二进制数。

2.5.5　条件运算符

条件运算符"?"很像 C 语言里的"?"运算符。它实现的是组合逻辑电路,或者说就是多路复用器,其功能等同于 always 中的 if-else 语句,如表 2.12 所示。

表 2.12　条件运算符

符号	说明	使用方法
? :	条件运算符	assign wire 型变量=条件? 表达式 1:表达式 2;

例如:

```
assign   c = sel ? a : b;
```

表示当 sel=1 时,c=a;当 sel=0 时,c=b。该语句描述了一个 2 选 1 数据选择器的功能,与采用以下 if-else 语句描述的功能一致。

```
if (sel==1) c = a;
else c = b;
```

还可以运用条件运算符描述更为复杂的逻辑电路功能,例如:

```
assign   y = (sel==2'b00)? d[0] : ((sel==2'b01)? d[1] : (sel==2'b10)? d[2] : d[3]);
```

该语句描述了一个 4 选 1 数据选择器功能。

2.5.6 运算符的优先级

由于表达式可能由多种运算构成,不同的运算顺序可能得出不同的结果。当表达式中含有多种运算时,必须按一定顺序进行结合,才能保证运算的合理性和结果的正确性、唯一性。表 2.13 中,优先级从上到下依次递减,"!"和"~"具有最高优先级,条件运算符"?"的优先级最低,同一行的优先级相同。

为提高程序的可读性,建议使用括号"( )"来控制运算的优先级。

例如,(a>b)&&(b>c)与 a>b&&b>c 虽然在功能上是相同的,但前者看起来更加清楚直观,且不容易出错。建议在 Verilog HDL 编程中多使用"( )",养成良好的编程习惯。

表 2.13 运算符的优先级

类别	运算符	优先级
逻辑、位运算符	! ~	高
算术运算符	* / %	
	+ -	
移位运算符	<< >>	
关系运算符	< <= > >=	
等式运算符	== != === !==	
缩减、位运算符	& ~&	
	^ ^~	
		~|	
逻辑运算符	&&	
条件运算符	?:	低

2.6　Verilog HDL 的基本语句

前面介绍了 Verilog HDL 的基本运算符,本节开始学习基本的语句。这些语句包括赋值语句、块语句、条件语句、循环语句、结构说明语句和编译预处理语句等。

2.6.1　赋值语句

赋值语句分为两类:连续赋值语句和过程赋值语句。

(1)连续赋值语句 assign

assign 语句用于对 wire 型变量赋值,是描述组合逻辑最常用的方法之一。

例如:

```
assign c = a&b;      //a、b 可以为 wire 或 reg 类型变量,但 c 必须为 wire 型变量或其他网线型变量。
```

(2)过程赋值语句 "<=" 和 "="

过程赋值语句用在 always 语句或 initial 语句中对 reg 型变量赋值,分为非阻塞赋值和阻塞赋值两种方式。

1)非阻塞赋值

非阻塞(non-blocking)赋值方式(b<= a):b 的值被赋予新值 a 的操作,并不是立刻完成的,而是在块结束时才完成;块内的多条赋值语句在块结束时同时赋值;硬件有对应的电路,通常用于描述时序逻辑电路,如图 2.3 所示。

例如:

```
always @ ( posedge clk)
      begin
        b <= a;
        c <= b;
end
```

2)阻塞赋值

阻塞(blocking)赋值方式(b = a):b 的值立刻被赋予新值 a;完成该赋值语句后才能执行下一句的操作;硬件没有对应的电路,因而综合结果未知,一般用于描述组合逻辑电路,如图 2.4 所示。

例如:

```
always @ ( posedge clk)
    begin
        b = a;
        c = b;
    end
```

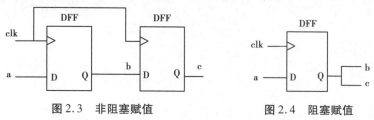

图 2.3　非阻塞赋值　　　　　　　图 2.4　阻塞赋值

2.6.2　always 和 initial

(1)结构说明语句 always

always 块包含一条或多条语句(过程赋值语句、条件语句和循环语句等),在运行的过程中,在时钟有效沿的控制下反复执行。always 块内被赋值的变量只能是 reg 类型。

always 块的写法:always@(敏感信号表达式)。

例如:

```
always@(clk)              //只要 clk 发生变化就触发
always@(posedge clk )     //clk 上升沿触发
always@(negedge clk)      //clk 下降沿触发
```

```
always@(posedge clk or negedge rst_n)   //clk 上升沿触发或 rst_n 下降沿触发
always@(a or b or c)   //a、b 和 c 任何一个发生变化都会触发 always 块
always@( * )   //该模块内任何输入信号发生变化都会触发
```

【例 2.5】reset 异步下降沿复位,clk 上升沿触发的 D 寄存器部分程序代码。

```
always@(posedge clk or negedge rst_n)
  if(!rst_n)
    q <= 0;
  else
      q <= d;
```

值得注意的是:一个模块可以包含多个 always 块,它们都是并行执行的。

(2)结构说明语句 initial

initial 语句用于对寄存器变量赋初值,通常用于仿真文件中,举例说明如下:

【例2.6】initial 用法举例。

```
module stimulus
  reg   x,y,a,b,m;
  initial
    m = 1 ' b0;
  initial
  begin
    #5   a = 1 ' b1;
    #25  b = 1 ' b0;
  end
  initial
  begin
    #10  x = 1 ' b0;
    #25  y = 1 ' b1;
  end
  initial
    #50  $ finish;
endmodule
```

有关 initial 语句的说明如下：

①所有的 initial 语句内的语句构成了一个 initial 块。

②initial 块从仿真 0 时刻开始执行，在整个仿真过程中只执行一次。

③如果一个模块中包括若干个 initial 块，则这些 initial 块从仿真 0 时刻开始并发执行，且每个块的执行是各自独立的。

④如果 initial 块内只有一条语句，则可以省去 begin 和 end。

2.6.3　块语句

块语句用来将两条或多条语句组合在一起，使其在格式上更像一条语句，以增加程序的可读性。块语句有 2 种：

①顺序块：关键字 begin 和 end 之间，块中的语句以顺序方式执行。

②并行块：语句置于关键字 fork 和 join 之间，块中的语句并行执行。

下面 2 个例子的作用是相同。

【例2.7】用顺序块和延迟控制组合产生一个时序波形。

```
begin      //由一系列延迟产生的波形
  #20   r = 'h35;   //20ns 时,r = 'h35
  #20   r = 'hE2;   //40ns 时,r = 'hE2
  #20   r = 'h00;   //60ns 时,r = 'h00
  #20   r = 'hF7;   //80ns 时,r = 'hF7
  #20   - > end_wave;   //100ns 时,触发事件 end_wave
end
```

【例 2.8】用并行块和延迟控制组合产生一个时序波形。

```
reg[7:0] r;
fork  //由一系列延迟产生的波形
    #20   r = 'h35;  //20ns 时,r = 'h35
    #40   r = 'hE2;  //40ns 时,r = 'hE2
    #60   r = 'h00;  //60ns 时,r = 'h00
    #80   r = 'hF7;  //80ns 时,r = 'hF7
    #100  - > end_wave;   //100ns 时,触发事件 end_wave
join
```

2.6.4　条件语句

条件语句用于 always 或 initial 过程块内部,主要包括 if-else 和 case 语句,它们都是顺序语句。

(1)if-else 语句

if-else 用于判断所给定的条件是否满足,根据判定的结果(真或假)决定执行给出的 2 种操作之一。

if-else 语句有 3 种形式:

```
①if(表达式)     ②if(表达式)      ③if(表达式 1)
语句 1;          语句 1;           语句 1;
                 else             else if(表达式 2)语句 2;
                 语句 2;           else if(表达式 3)语句 3;
                                  …
                                  else if(表达式 n)语句 n;
```

【例 2.9】用 if-else 语句设计 8 线–3 线优先编码器。

```
module encoder8_3 (
input [7:0] a,
output reg[2:0] y
);
always @ (a)
    begin
        if( ~a[7])   y = 3'b111;
        else if( ~a[6])   y = 3'b110;
        else if( ~a[5])   y = 3'b101;
        else if( ~a[4])   y = 3'b100;
        else if( ~a[3])   y = 3'b011;
```

```
        else if( ~a[2])  y = 3'b010;
        else if( ~a[1])  y = 3'b001;
        else  y = 3'b000;
    end
endmodule
```

使用 if-else 语句时,注意以下几点:

①当表达式的值为 1 时,按真处理;当表达式的值为 0、x、z 时,按假处理。

②当 if 或 else 后面包括多条语句时,必须用 begin…end 将它们包含起来构成一个复合块语句。

③如果只有 if 而没有 else,有可能生成无用的锁存器,因此最好配对使用。

(2)case 语句

case 是一条多分支选择语句,而 if-else 是二分支语句,case 语法模板如下:

```
①case(表达式)<case 分支项>  endcase
②casex(表达式)<case 分支项>  endcase
③casez(表达式)<case 分支项>  endcase
```

其中,case 分支项的一般格式:

```
分支表达式:语句;
默认项(default)语句;
```

在 case 语句中,分支表达式每一位的值都是确定的(0 或者 1);在 casez 语句中,若分支表达式某些位的值为 z,则不考虑对这些位的比较;在 casex 语句中,若分支表达式某些位的值为 z 或 x,则不考虑对这些位的比较。表 2.14 为 Verilog HDL 的 case 语句分支表达式真值表。

表 2.14　case 语句分支表达式真值表

case	0 1 x z	casez	0 1 x z	casex	0 1 x z
0	1 0 0 0	0	1 0 0 1	0	1 0 1 1
1	0 1 0 0	1	0 1 0 1	1	0 1 1 1
x	0 0 1 0	x	0 0 1 1	x	1 1 1 1
z	0 0 0 1	z	1 1 1 1	z	1 1 1 1

另外,在分支语句表达式中,可以用"?"来标识 x 或 z。如例 2.10 所示。

【例 2.10】用 case 语句实现 4 选 1 数据选择器。

```
module   mux4_1(
input a,
input b,
```

```
input c,
input d,
input[3:0] select,
output reg out
);
always@ ( * )
begin
    case( select)
        4'b???1: out = a;  //select 最低位为 1 时,out=a
        4'b??1?: out = b;  //select 次低位为 1 时,out=b
        4'b?1??: out = c;  //select 次高位为 1 时,out=c
        4'b1???: out = d;  //select 最高位为 1 时,out=d
    endcase
end
endmodule
```

2.6.5　循环语句

在 Verilog HDL 中存在 4 种类型的循环语句,用于控制被执行语句的执行次数。这些语句在 C 语言中很常见,但在 FPGA 设计中,很难被综合,多用于仿真代码中生成仿真激励信号。

①forever:连续的执行语句。

②repeat:连续执行一条语句 n 次。

③while:执行一条语句,直到某个条件不满足。

④for:由三个部分组成,即 for(循环变量初值;循环执行条件;循环变量增值)。例如:for(i=0;i<=5;i+1)。

(1)forever 语句

forever 常用于仿真代码中,其语法如下:

forever begin…end

【例 2.11】forever 实现驱动波形。

```
initial begin
    clk =0;
    forever                              【1】
    begin
        # 10 clk = 1;
        # 10 clk = 0;
    end
end
always #10 clk = ~clk;                   【2】
```

例 2.11 中【1】和【2】的作用是相同的,都产生 20 个时间单位的方波,占空比为 50%。至于仿真的时间单位,可以在系统中设置,也可以在仿真文件开始时加上。

```
' timescale 1ns/1ps   //时间单位1ns,精度1ps
```

(2) repeat 语句

repeat 语句也常用于仿真,格式如下:

```
repeat(表达式)begin…end
```

其中,"表达式"用于指定循环次数,可以是一个整数、变量或者数值表达式。如果是变量或数值表达式,其数值只在第一次循环时得到计数,从而得到确定循环次数。如果循环计数表达式的值不确定,即为 x 或 z 时,那么循环次数按 0 处理。

【例 2.12】repeat 用法举例。

```
repeat (10)
begin
  #10 clk =0;
  #10 clk =1;
end
```

(3) while 语句

while 语句的格式如下:

while(表达式)begin…end

【例 2.13】使用 while 语句统计输入 8 位数据中 1 的个数。

```
module stats1(
input clk,
input[7:0]data_in,
output reg [3:0]cnt
);
reg[7:0]temp;                        //用于循环执行条件表达式
always@ ( posedge clk)
begin
    cnt =0;                          //cnt 初值为 0
    temp =data_in;                   //temp 的初值为输入数据 data_in
    while( temp>0)                   //若 temp 非 0,则执行 while 循环
    begin
        if( temp[0]) cnt =cnt+1' b1;  //只要 temp 最低位为 1,则 cnt =cnt+1
        temp =temp>>1;               //temp 右移 1 位
```

```
        end
end
endmodule
```

（4）for 语句

for 语句的一般形式为：

for（表达式 1；表达式 2；表达式 3）

for 语句实际上相当于采用 while 语句建立以下循环结构：

```
begin
    循环变量赋初值;
    while(循环结束条件)
      begin
      执行语句
      循环变量增值;
      end
end
```

【例 2.14】使用 for 语句统计输入 8 位数据中 1 的个数。

```
module stats2(
input clk,
input [7:0] data_in,
output reg [3:0] cnt
);
reg [3:0] i;
always@( posedge clk)
    begin
      cnt = 1' b0;                      //cnt 初值为 0
      for(i = 0;i <= 7; i=i+1)          //循环 8 次
      begin
        if(data_in[i])cnt = cnt + 1' b1;  //如果第 i 位为 1,则 cnt=cnt+1' b1
      end
    end
endmodule
```

例 2.14 中 for 语句的循环次数是确定的,因而该程序可以被综合成实际电路。但例 2.13 中 while 语句的循环次数是不定的,因为输入的 temp 不定,如果输入的是 00000000,循环不会被执行;如果输入的是 1xxxxxxx,循环要执行 8 次,因此综合失败。

提醒大家注意的是,Verilog HDL 追求的是生成电路最简单,而不是程序代码最简单,程序代码简单可能会使电路更复杂,因此,能不使用循环语句尽量不使用。

2.6.6　task 和 function

结构说明语句有 4 种,分别是 always、initial、task 和 function。always 和 initial 前面已经介绍过了,下面简单介绍一下 task 和 function。

task 和 function 语句分别用来定义任务和函数,利用任务和函数可以把一个很大的程序模块分解为许多较小的任务和函数,以便于理解和调试。输入、输出和总线信号的值可以传入、传出任务和函数。任务和函数往往还是大的程序模块中在不同地点多次用到的相同的程序段。

(1)系统任务

一个任务(task)就像一个过程,它可以从描述的不同位置执行共同的代码段。共同的代码段用任务定义编写成任务,这样它就能够从设计描述的不同位置通过任务调用被调用。任务可以包含时序控制,即时延控制,并且任务也能调用其他任务和函数。

1)task 的定义

定义 task 的语法如下:

```
task <任务名>
<端口及数据类型声明语句>
<语句1>
<语句2>
...
<语句n>
endtask
```

这些声明语句的语法与模块定义中的对应声明语句的语法是一致的。任务可以没有或者有一个或多个参数,其值通过参数传入和传出任务。除输入参数外(参数从任务中接收值),任务还能带有输出参数(从任务中返回值)和输入输出参数。任务的定义在模块说明部分中编写。

【例 2.15】task 用法举例。

```
module example_task;
parameter MAXBITS = 8;
task Reverse_Bits;
input [MAXBITS-1 : 0] Din;
output [MAXBITS-1 : 0] Dout;
integer K;
begin
    for (K = 0; K < MAXBITS; K = K+1);
    Dout[MAXBITS-K] = Din[K];
end
endtask
...
endmodule
```

任务的输入和输出在任务开始处声明。这些输入输出的顺序决定了它们在任务调用中的顺序。

2)任务的调用

使用任务调用语句来对一个任务进行调用。任务调用语句给出传入任务的参数值和接收结果的变量值。任务调用语句是过程语句,可以在 always 语句或 initial 语句中使用。形式如下:

```
task_id (v,w,x,y,z);
```

任务调用语句中参数列表必须与任务定义中的输入、输出和输入输出参数说明的顺序匹配。此外,参数要按值传递,不能按地址传递。

【例2.16】通过任务调用完成 4 个四位二进输入数据的冒泡排序。

```
module sort4(ra,rb,rc,rd,a,b,c,d);
input [3:0] a,b,c,d;
output reg [3:0] ra,rb,rc,rd;
reg [3:0] va,vb,vc,vd;  //中间变量,用于存放两个数据比较交换的结果
always@(a or b or c or d)
begin
    {va,vb,vc,vd} = {a,b,c,d};
/*任务的调用*/
    sort2(vc,va);  //比较 va 与 vc,较小的数据存入 va
    sort2(vd,vb);  //比较 vb 与 vd,较小的数据存入 vb
    sort2(vb,va);  //比较 va 与 vb,较小的数据存入 va(最小值)
    sort2(vd,vc);  //比较 vc 与 vd,较小的数据存入 vc(则 vd 为最大值)
    sort2(vc,vb);  //比较 vb 与 vc,较小的数据存入 vb
    {ra,rb,rc,rd} = {va,vb,vc,vd};
end

    task sort2;     //任务:比较两个数,按从小到大的顺序排列
    inout[3:0] x,y;//双向类型
    reg [3:0] temp;
    if(x < y)begin
        temp = x; //x 与 y 内容互换,要求顺序执行,故采用阻塞赋值方式
        x = y;
        y = temp;
    end
    endtask
endmodule
```

对任务做以下几点说明:

①任务中不能出现 always 语句和 initial 语句,但任务调用语句可以在 always 语句和

initial 语句中使用。

②任务调用语句中,参数列表的顺序必须与任务定义中的端口声明顺序相同。

③任务调用语句是过程语句,任务调用中接收返回值数据的变量也必须是寄存器类型。

(2)函数

和任务一样,函数也可以在模块的不同位置执行共同的代码。函数与任务不同之处在于函数只能返回一个值,它不能包含任何时延或时序控制(必须立即执行),并且它不能调用其他的任务。此外,函数必须带有至少一个输入,在函数中允许没有输出或输入输出说明。函数可以调用其他函数。

1)function 说明语句

函数说明部分可以在模块说明中的任何位置出现,函数的输入是由输入说明指定,形式如下:

```
function <返回值的类型或范围> (函数名);
    <端口说明语句>
    <变量类型说明语句>
begin
    <语句>
    ...
end
endfunction
```

如果函数说明部分中没有指定函数取值范围,则其默认的函数值为一位二进制数。下面给出一个函数实例。

【例 2.17】function 用法举例。

```
module function_r1;
parameter maxbits = 8;
function [maxbits-1 : 0] R_Bits;
input [maxbits-1 : 0] Din;
integer K;
begin
for (K = 0; K < maxbits; K = K+1)
R_Bits[maxbits-K] = Din[K]
end
endfunction
...
endmodule
```

例 2.17 中,函数名为 R_Bits,函数返回一个长度为 maxbits 的向量。请注意:<返回值的类型和范围>这一项是可选项,默认返回值为一位寄存器类型数据。

2）函数的调用

函数调用是表达式的一部分，形式如下：

function_id(expr1 , expr2 , … , exprN)

其中，function_id 是要调用的函数名，expr1、expr2、…、exprN 是传递给函数的输入参数列表，该输入参数列表的顺序必须与函数定义时声明的输入顺序相同。

函数调用时需要注意以下 2 点：

①函数调用可以在过程块内完成，也可以在连续赋值语句 assign 中出现。

②函数调用语句不能单独作为一条语句出现，只能作为赋值语句的右端操作数。

下面举例说明函数的调用方法。

【例 2.18】采用函数调用的方法实现 4 选 1 数据选择器。

```verilog
module SEL(
input a,b,c,d,
input [1:0] sel,
output f
);
assign f = SEL4to1(a,b,c,d,sel);

function SEL4to1;
input a,b,c,d;
input [1:0] sel;
begin
    case(sel)
        2'b00: SEL4to1 = a;
        2'b01: SEL4to1 = b;
        2'b10: SEL4to1 = c;
        2'b11: SEL4to1 = d;
        default: SEL4to1 = 0;
    endcase
end
endfunction
endmodule
```

3）函数的使用规则

与任务相比，函数的使用有较多的约束，下面给出函数的使用规则。

①函数的定义中不能包含有任何的时间控制语句，即任何用#、@ 或者 wait 来标识的语句都不能出现在函数的定义中。

②函数不能启动任务。

③定义函数时至少要有一个输入参量。

④在函数的定义中必须有一条赋值语句给函数中的一个内部变量赋以函数的结果值，该内部变量具有和函数名相同的名字。

2.6.7 预编译指令

Verilog HDL 语言和 C 语言一样,也提供了编译预处理的功能。"编译预处理"是 Verilog HDL 编译系统的一个组成部分。Verilog HDL 语言允许在程序中使用几种特殊的命令。Verilog HDL 编译系统通常先对这些特殊的命令进行"预处理",然后将预处理的结果和源程序一起进行通常的编译处理。

在 Verilog HDL 语言中,为了和一般的语句相区别,这些预处理命令以符号"'"开头。这些预处理命令的有效作用范围为定义命令之后到本文件结束或到其他命令定义替代该命令之处。Verilog HDL 提供了 20 种预编译命令,本节只对常用的' define、' include 和' timescale 进行介绍。

(1) 宏定义指令' define

' define 是宏定义命令,作用是用一个指定的标识符(即名字)来代表一个字符串,它的一般形式为:

' define 标识符(宏名) 字符串(宏内容)

如:

' define signal string

它的作用是指定用标识符 signal 来代替 string 这个字符串,在编译预处理时,把程序中在该命令以后所有的 signal 都替换成 string。这种方法使用户能以一个简单的名字代替一个长的字符串,也可以用一个有含义的名字来代替没有含义的数字和符号,因此把这个标识符(名字)称为"宏名",在编译预处理时将宏名替换成字符串的过程称为"宏展开"。

【例 2.19】define 用法举例。

```
' define WORDSIZE 16
module
reg[1: ' WORDSIZE] data;  //这相当于定义 reg[1 :16] data;
```

(2)"文件包含"指令' include

所谓"文件包含"处理,是指一个源文件可以将另外一个源文件的全部内容包含进来,即将另外的文件包含到本文件之中。Verilog HDL 语言提供了' include 宏定义命令用来实现"文件包含"的操作。其一般形式为:

include "filename. v"

"文件包含"命令是很有用的,它可以节省程序设计人员的重复劳动。可以将一些常用的宏定义命令或任务(task)组成一个文件,然后用' include 命令将这些宏定义包含到自己所写的源文件中,相当于工业上的标准元件拿来使用。另外在编写 Verilog HDL 源文件时,一个源文件可能经常要用到另外几个源文件中的模块,遇到这种情况即可用' include 将所需模块的源文件包含进来。

【例 2.20】include 用法举例。

1)文件 aaa. v

```
module aaa(a,b,out);
input a,b;
output out;
assign out = a ^ b;
endmodule
```

2)文件 bbb. v

```
' include " aaa. v"
module bbb(c,d,e,out);
input c,d,e;
output out;
aaa aaa(. a(c),. b(d),. out(out_a));
assign out = e & out_a;
endmodule
```

在上面的例子中,文件 bbb. v 用到了文件 aaa. v 中的模块 aaa 的实例器件,通过"文件包含"处理来调用。模块 aaa 实际上是作为模块 bbb 的子模块来被调用的。在经过编译预处理后,文件 bbb. v 实际相当于下面的程序文件 bbb. v:

```
module aaa(a,b,out);
input a,b;
output out;
assign out = a ^ b;
endmodule
module bbb(c,d,e,out);
input c,d,e;
output out;
wire out_a;
aaa aaa(. a(c),. b(d),. out(out_a));
assign out = e & out_a;
endmodule
```

(3)时间尺度 ' timescale

' timescale 命令用来说明跟在该命令后的模块的时间单位和时间精度。使用' timescale 命令可以在同一个设计里包含采用不同的时间单位的模块。例如，一个设计中包含了两个模块，其中一个模块的时间延迟单位为 ns，另一个模块的时间延迟单位为 ps，EDA 工具仍然可以对这个设计进行仿真测试。

'timescale 命令的格式如下：

```
'timescale <时间单位>/<时间精度>
```

在这条命令中，时间单位参量用来定义模块中仿真时间和延迟时间的基准单位；时间精度参量用来声明该模块的仿真时间的精确程度，该参量被用来对延迟时间值进行取整操作（仿真前），因此该参量又可以被称为取整精度。如果在同一个程序设计里存在多个'timescale 命令，则用最小的时间精度值来决定仿真的时间单位。另外时间精度至少要和时间单位一样精确，时间精度值不能大于时间单位值。

例如：

```
'timescale 1ns/1ps
```

在这个命令之后，模块中所有的时间值都表示 1 ns 的整数倍。这是因为在'timescale 命令中定义了时间单位是 1 ns。模块中的延迟时间可表达为带三位小数的实型数，因为 timescale 命令定义时间精度数为 1 ps。

例如：

```
'timescale 10us/100ns
```

在这个例子中，'timescale 命令定义后，模块中时间值均为 10 us 的整数倍。因为'timescale 命令定义的时间单位是 10 us。延迟时间的最小分辨度为十分之一微秒（100 ns），即延迟时间可表达为带一位小数的实型数。

（4）条件编译指令'ifdef、'else、'endif

一般情况下，Verilog HDL 源程序中所有的行都将参加编译。但是有时希望对其中的一部分内容只有在满足条件时才进行编译，也就是对一部分内容指定编译的条件，这就是"条件编译"。有时，希望当满足条件时对一组语句进行编译，而当条件不满足时则编译另一部分。

条件编译命令有两种形式，第一种为：

```
'ifdef 宏名(标识符)
程序段 1
'else
程序段 2
'endif
```

它的作用是当宏名已经被定义过（用'define 命令定义），则对程序段 1 进行编译，程序段 2 将被忽略；否则编译程序段 2，程序段 1 被忽略。其中'else 部分可以没有，即为第二种形式：

```
'ifdef 宏名(标识符)
程序段 1
'endif
```

这里的"宏名"是一个 Verilog HDL 的标识符,"程序段"可以是 Verilog HDL 语句组,也可以是命令行。这些命令行可以出现在源程序的任何地方。

注意:被忽略掉的不进行编译的程序段也要符合 Verilog HDL 的语法规则。

表 2.15 列出了 Verilog HDL 基本语句。

表 2.15　Verilog HDL 基本语句

赋值语句	连续赋值语句 (assign)	过程赋值语句 (<= , =)
块语句	begin_end 语句	fork_join 语句
条件语句	if_else 语句	case 语句
循环语句	forever 语句	while 语句
	repeat 语句	for 语句
结构说明语句	initial 语句	always 语句
	task 语句	function 语句
编译预处理语句	'define 语句	'timescale 语句
	'include 语句	

2.7　Verilog HDL 的抽象级别

所谓抽象级别,是指同一个物理电路,可以在不同的层次上用硬件描述语言来描述它。Verilog HDL 既是一种行为描述的语言,也是一种结构描述的语言。Verilog 模型可以是实际电路的不同级别的抽象,这些抽象的级别和它们所对应的模型类型共有以下 5 种。

①系统级(system-level):用语言提供的高级结构能够实现待设计模块的外部性能的模型。

②算法级(algorithm-level):用语言提供的高级结构能够实现算法运行的模型。

③RTL 级(register transfer level):描述数据在寄存器之间的流动和如何处理、控制这些数据流动的模型。

④门级(gate-level):描述逻辑门以及逻辑门之间连接的模型。

⑤开关级(switch-level):描述器件中三极管和存储节点以及它们之间连接的模型。

其中,系统级和算法级属于行为级描述方式,RTL 级又称为数据流描述方式,门级和开关级属于结构化描述方式,也可以综合使用以上描述方法称为混合描述方式,下面分别对这 4 种方式进行介绍。

2.7.1　结构化描述方式

结构化描述又称为元件例化,调用基本门级元件的方法叫作门级结构描述,调用定义的 module 的方法叫作模块结构描述。

Verilog HDL 的基本门级元件模型包括 and、nand、or、nor、xor、xnor、not、buf、bufif0、bufif1、notif0 和 notif1,共 12 个门类型,根据门类型的端口特点,分为多输入门(and、nand、or、nor、xor、xnor)、多输出门(not、buf)和三态门(bufif0、bufif1、notif0、notif1)。

结构化描述方式是最原始的描述方式,也是抽象级别最低的描述方式,它是最接近实际硬件结构的描述方式。

【例 2.21】使用结构化描述方式描述 3 人多数表决电路。

```
module dsbjq_structure(
    input a;
    input b;
    input c;
    output f
    );
    wire ab,bc,ac;          // 内部信号声明

    and U1( ab,a,b);        // 与门( a、b 为输入信号,ab 为输出信号)
    and U2( bc,b,c);
    and U3( ac,a,c);
    or U4( f,ab,bc,ac);     // 或门 f=ab+bc+ac
endmodule
```

2.7.2　数据流描述方式

数据流描述方式要比结构化描述方式的抽象级别高一些,因为它不需要清晰地刻画具体的数字电路结构,能比较直观地表达底层逻辑的行为。基于数据流的描述方式,形象点来说,每个模块就好比一个容器,大量外部信息从模块的输入端流入,相应的大量处理后的信息也会从模块的输出端口流出。数据流描述使用 assign 连续赋值语句。

【例 2.22】使用数据流描述方式描述 3 人多数表决电路。

```
module dsbjq_dataflow(
input a;
input b;
input c;
output f
    );
assign f = a & b l a & c l b & c;
endmodule
```

2.7.3 行为级描述方式

和前面两种描述方式比起来,行为级描述方式的抽象级别最高,概括性也最强,因此规模稍大些的设计,往往都是以行为级描述方式为主。虽然 FPGA 的设计思路都是并行的,但是 Verilog HDL 中还是支持大量的串行语句元素。由此可见,行为级描述方式的主要载体就是串行语句,同时辅以并行语句用于描述各个算法之间的连接关系。

【例 2.23】使用行为级描述方式描述 3 人多数表决电路。

```verilog
module dsbjq_behavior(
input a;
input b;
input c;
output reg f
    );
always @ ( a,b,c)          //也能写成 always @ ( * )。
  begin
    case ( {a,b,c} )        //把 a、b 和 c 拼接为 3 位二进制信号
        3'b000: f = 1'b0;
        3'b001: f = 1'b0;
        3'b010: f = 1'b0;
        3'b011: f = 1'b1;
        3'b100: f = 1'b0;
        3'b101: f = 1'b1;
        3'b110: f = 1'b1;
        3'b111: f = 1'b1;
        default: f = 1'bx;
    endcase
  end
endmodule
```

2.7.4 混合描述方式

混合描述以行为级描述为核心,穿插使用数据流描述和结构化描述。

【例 2.24】使用混合描述方式描述 3 人多数表决电路。

```verilog
module dsbjq_mixed (
input a,
input b,
input c,
output f
);
```

```
reg m1,m2,m3;
assign f = m1|m2|m3;        //数据流描述
always @ ( a or b or c )       //行为级描述
begin
    m1 = a & b;
    m2 = b & c;
    m3 = a & c;
end
endmodule
```

数字逻辑电路HDL描述方法

本章以一般组合逻辑电路和时序逻辑电路设计为例,重点介绍模块化设计与仿真、有限状态机、IP 核的生成与调用方法等内容。

3.1 组合逻辑电路 HDL 描述方法

组合逻辑电路在逻辑功能上的特点是任意时刻的输出仅仅取决于该时刻的输入,与电路原来的状态无关。连续赋值语句 assign 和 always 块是两种常用的描述组合逻辑电路的方法。

3.1.1 采用 assign 描述组合逻辑电路

用 assign 来描述组合逻辑电路时,信号必须定义为 wire 类型,采用阻塞赋值方式。

【例 3.1】用 assign 语句描述一位全加器的功能。

一位全加器的真值表如表 3.1 所示,其中 ain、bin 是两个一位二进制数,cin 是低位的进位,so 是本位和,co 是向高位的进位。由真值表化简后得一位全加器输出表达式:

$$so = ain \oplus bin \oplus cin$$

$$co = (ain \oplus bin) cin + ain \cdot bin$$

表 3.1　一位全加器真值表

ain	bin	cin	co	so
0	0	0	0	0
0	0	1	0	1
0	1	0	0	1
0	1	1	1	0
1	0	0	0	1
1	0	1	1	0
1	1	0	1	0
1	1	1	1	1

（1）Vivado 创建工程

打开 Vivado2022.2,出现如图 3.1 所示界面,点击 Create Project 创建一个工程,然后点 Next 进入下一界面。

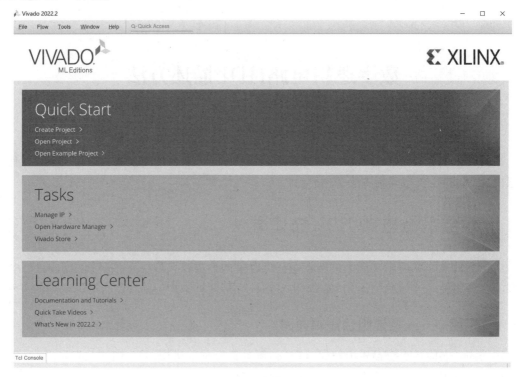

图 3.1　创建工程

在图 3.2 界面中填写工程名称和存放路径,点击 Next 进入下一界面。

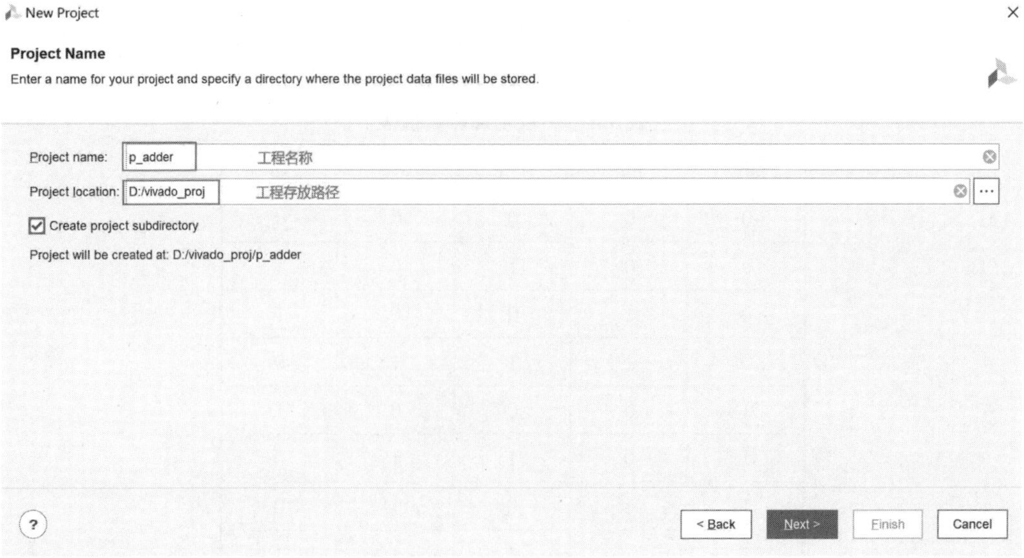

图 3.2　工程名称与路径

工程类型中选择 RTL Project,如图 3.3 所示,点击 Next 进入器件选型界面。

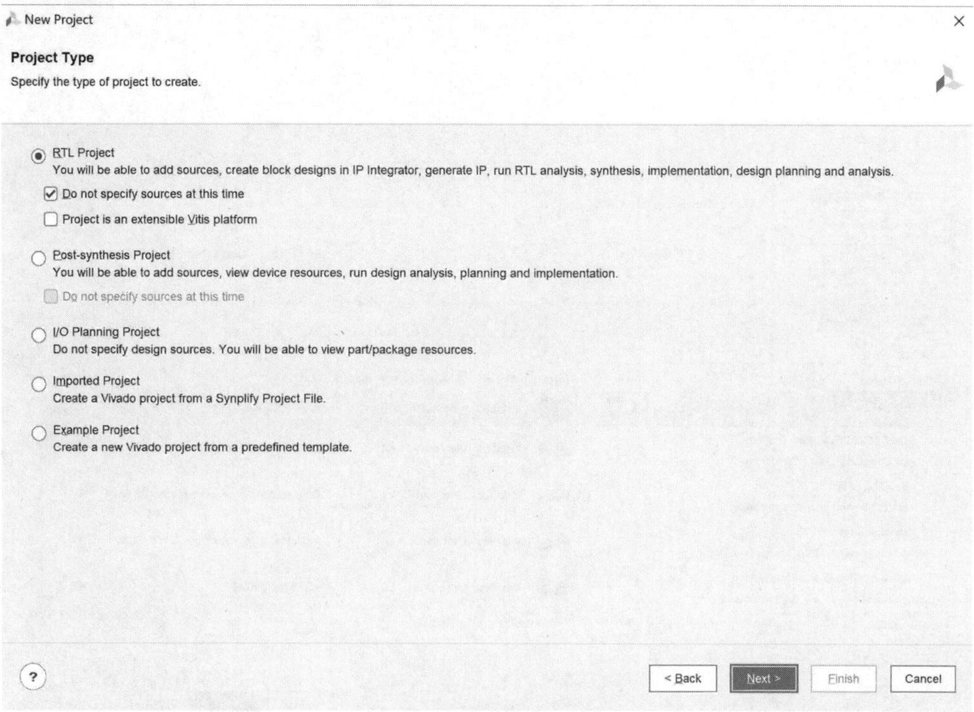

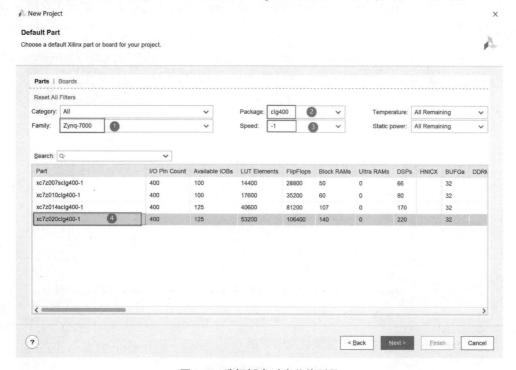

图 3.3　工程类型选择

器件选择界面中可以选择 Parts,选择 PYNQ-Z2 对应芯片型号,如图 3.4 所示。

图 3.4　选择板卡对应芯片型号

也可以直接选择 PYNQ-Z2 开发板（板卡文件要提前复制到安装目录相应文件夹内），如图 3.5 所示。

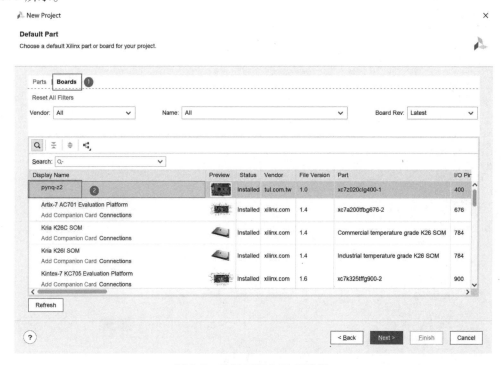

图 3.5　选择 PYNQ-Z2 开发板

进入工程主界面，右键 Design Sources 选择 Add Sources 添加设计文件，如图 3.6 所示，也可以直接点"＋"添加文件。

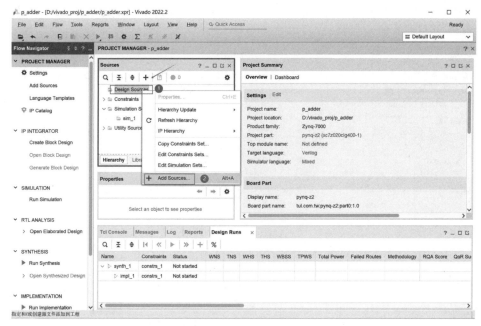

图 3.6　添加设计文件

点 Create File,在弹出的界面中填入文件名称,如图3.7所示。

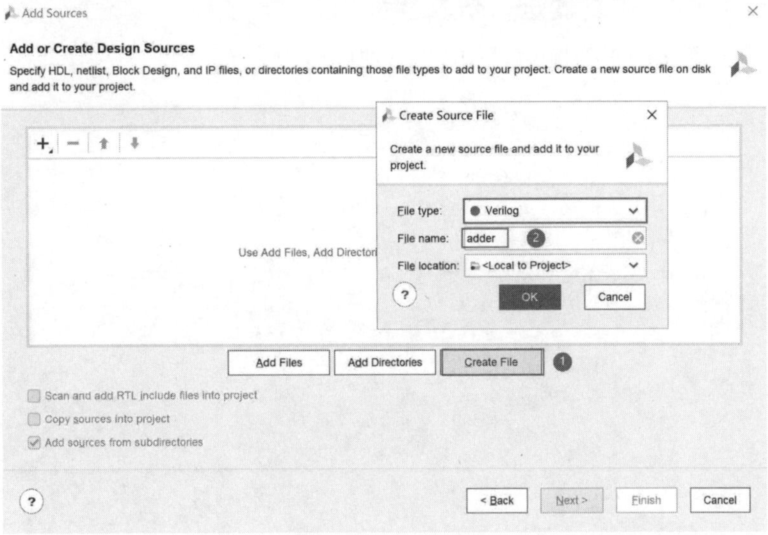

图3.7 设计文件名称

默认 Module name 名称与设计文件名称一致,也可以自己修改,如图3.8所示。

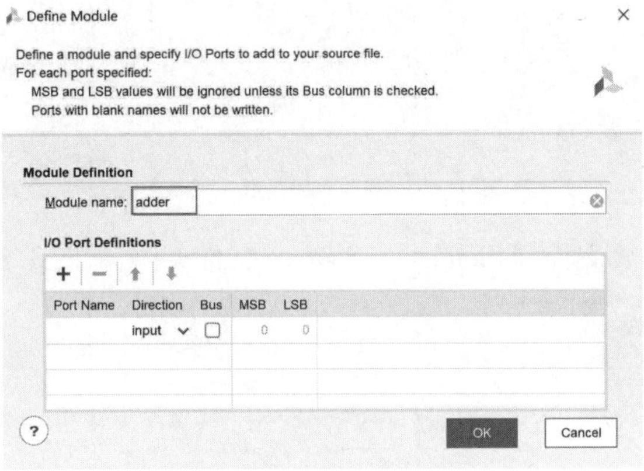

图3.8 填写模块名称

双击打开 Design Sources 文件夹下的 adder.v,在模板中输入如下代码:

```
module adder(
input ain,
input bin,
input cin,
output so,
output co
    );
assign so = ain ^ bin ^ cin;
assign co = (ain ^ bin)& cin | ain & bin;
endmodule
```

（2）Vivado 自带仿真器进行仿真验证

为了验证设计程序的正确性，编写仿真文件如下：

```verilog
module adder_tb ( );
//信号类型声明
reg ain,bin,cin;
wire so,co;
//元件实例化
adder adder_inst(
  . ain ( ain ),
  . bin ( bin ),
  . cin ( cin ),
  . so ( so ),
  . co ( co )
   );
//初始化
initial begin
ain = 0; bin = 0; cin = 0;
end
always #10 {ain,bin,cin} = {ain,bin,cin} + 1;
endmodule
```

同样的方法添加仿真文件到 Simulation Sources 文件夹内，如图 3.9 所示。

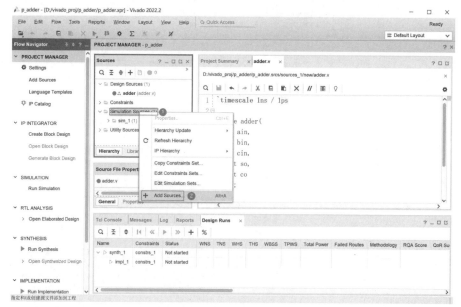

图 3.9　添加仿真文件

仿真文件要调用（例化）设计文件，其层级关系如图 3.10 所示。

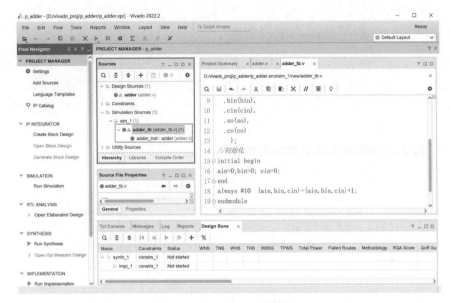

图 3.10　文件间的层级关系

点击 Run Simulation→Run Behavioral Simulation 运行行为仿真,如图 3.11 所示。

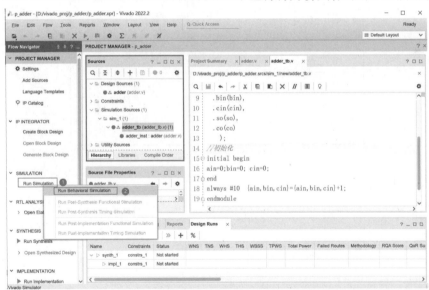

图 3.11　运行行为仿真

从图 3.12 所示的仿真截图可以看出,设计结果实现了一位全加器功能。

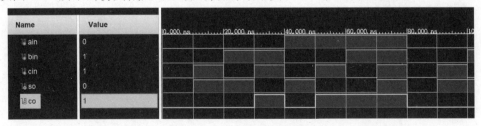

图 3.12　一位全加器仿真图

3.1.2　采用 always 块描述组合逻辑电路

Verilog HDL 通常将大量的顺序执行的过程语句封装在 always 块和 initial 块中实现程序的模块化。initial 语句用于仿真文件中的变量初始化,只在开始时执行一次,而 always 块可以被综合,由于过程语句比较抽象,所以通常也称为行为描述。always 块中使用的行为描述语句一般包括三类:过程赋值语句、if-else 语句和 case 语句。

【例 3.2】always 块描述 8 选 1 数据选择器的功能。

8 选 1 数据选择器功能表如表 3.2 所示,其表达式如下:

$$Y = \sum_{i=0}^{7} m_i D_i$$

表 3.2　8 选 1 数选器真值表

$\overline{ST}$	A_2	A_1	A_0	Y
1	x	x	x	0
0	0	0	0	D_0
0	0	0	1	D_1
0	0	1	0	D_2
0	0	1	1	D_3
0	1	0	0	D_4
0	1	0	1	D_5
0	1	1	0	D_6
0	1	1	1	D_7

程序代码如下:

```
module mux8to1(
input st_l,
input [2:0] a,
input [7:0] d,
output reg y
);

always@(st_l or a or d)  //括号中是敏感信号列表,也可以写成 always@(*)
begin
    if(!st_l)  case(a)    //当 st_l=0 时,执行 case 语句
        3'b000: y = d[0];
        3'b001: y = d[1];
        3'b010: y = d[2];
```

```
        3' b011: y = d[3];
        3' b100: y = d[4];
        3' b101: y = d[5];
        3' b110: y = d[6];
        3' b111: y = d[7];
        default: y = 1' b0;
    endcase
    else y = 1' b0;
end
endmodule
```

为了验证 8 选 1 数据选择器的程序正确性,编写仿真文件如下:

```
module mux8to1_tb;
reg st_l;
reg [2:0] a;
reg [7:0] d;
wire y;
mux8to1 mux8to1_inst(
. st_l ( st_l ),
. a ( a ),
. d ( d ),
. y ( y )
);
initial begin
st_l = 1;
a = 3' b000;
d = 8' b1101_0110;
#20 st_l = 0;
end
always #10 a = a+ 1' b1;
endmodule
```

前面已经详细介绍了如何创建 Vivado 工程,如何添加设计文件以及运行仿真的整个流程,这里直接给出 8 选 1 数据选择器仿真截图,如图 3.13 所示。

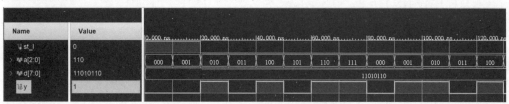

图 3.13　8 选 1 数据选择器仿真图

由图 3.13 可以看出,在 a 的 8 种取值下,y 正确选择了相应的 d[i] 作为输出,实现了 8 选 1 的功能。

3.1.3 FPGA 模块化设计

模块化设计是 FPGA 设计中一个很重要的技巧,它能使一个大型设计的分工协作和仿真测试更加容易,使代码维护和升级更加便利。所谓模块化设计是指将一个比较复杂的系统按照一定的规划分为多个小模块,然后再分别对每个小模块进行设计,当这些小模块全部完成后,再将这些小模块有机地组合起来,最终完成整个复杂系统的设计。

下面以 8 选 1 数据选择器实现一位全加器为例,详细讲解模块化设计方法。

【例 3.3】利用 8 选 1 数据选择器来实现一位全加器功能。

原理:根据一位全加器真值表(表 3.1),写出 so 和 co 最小项表达式:

$$so = \overline{ain}\ \overline{bin}\ cin + \overline{ain}\ bin\ \overline{cin} + ain\ \overline{bin}\ \overline{cin} + ain\ bin\ cin = m_1 + m_2 + m_4 + m_7$$

$$co = \overline{ain}\ bin\ cin + ain\ \overline{bin}\ cin + ain\ bin\ \overline{cin} + ain\ bin\ cin = m_3 + m_5 + m_6 + m_7$$

依据上述表达式,选用 2 片 8 选 1 数据选择器实现一位全加器,片(0)实现 so 功能,表达式如下:

$$D_1 = D_2 = D_4 = D_7 = 1 \quad D_0 = D_3 = D_5 = D_6 = 0$$

片(1)实现 co 功能,表达式如下:

$$D_3 = D_5 = D_6 = D_7 = 1 \quad D_0 = D_1 = D_2 = D_4 = 0$$

逻辑电路实现如图 3.14 所示。

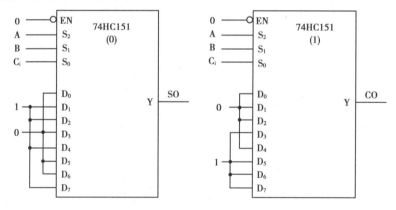

图 3.14 8 选 1 实现一位全加器

(1)程序设计与仿真

Verilog HDL 程序如下:

```
module adder_mux8to1(
input ain,
input bin,
input cin,
```

```
output so,
output co
    );
//调用8选1数据选择器
mux8to1 u1(
    . st_l( 0 ),
    . a( {ain,bin,cin} ),
    . d( 8'b10010110 ),
    . y( so )
    );
mux8to1 u2(
    . st_l( 0 ),
    . a( {ain,bin,cin} ),
    . d( 8'b11101000 ),
    . y( co )
    );
endmodule
```

在例 3.2 工程的基础上,再添加上述 adder_mux8to1. v 作为顶层文件,Simulation Sources 文件夹下再添加 adder_mux8to1_tb. v 仿真文件,对顶层设计文件进行仿真,仿真文件内容如下:

```
module adder_mux8to1_tb(   );
    reg ain;
    reg bin;
    reg cin;
    wire so;
    wire co;

    adder_mux8to1 uut(
    . ain ( ain ),
    . bin ( bin ),
    . cin ( cin ),
    . so ( so ),
    . co ( co )
    );

    initial begin
    ain = 0;
    bin = 0;
    cin = 0;
```

```
      end
always #10 {ain,bin,cin} = {ain,bin,cin} + 1'b1;
endmodule
```

由于 adder_mux8to1. v 例化了两次 mux8to1. v，所以 adder_mux8to1. v 下面包含两个
mux8to1. v；两个仿真文件分别例化了两个设计文件，也存在类似层级关系。完整工程层级结
构如图 3.15 所示。

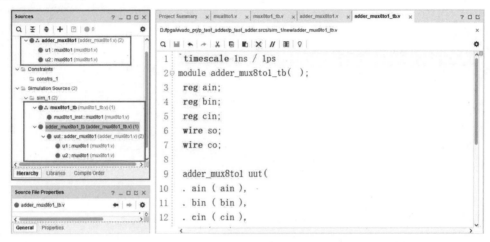

图 3.15　工程层级结构图

为了更清楚展示这种模块化设计的层级关系，在工程界面左侧 Flow Navigator 下方找到 RTL
ANALYSIS，展开 Open Elaborated Design，双击 Schematic，可以查看 RTL 原理图，如图 3.16 所示。

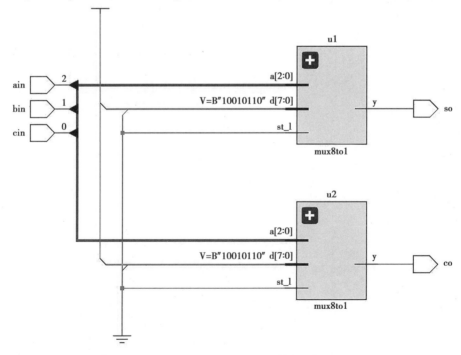

图 3.16　例 3.3 的 RTL 原理图

值得注意的是：由于先前对 mux8to1 进行了仿真验证，此时 mux8to1_tb 为顶层文件，首先选中 adder_mux8to1_tb，然后右键选择"Set as Top"把 adder_mux8to1_tb 设置为顶层文件，才能对 adder_mux8to1 模块进行仿真。如图 3.17 所示。

仿真结果如图 3.18 所示，与图 3.12 结果一致，实现了一位全加器功能。

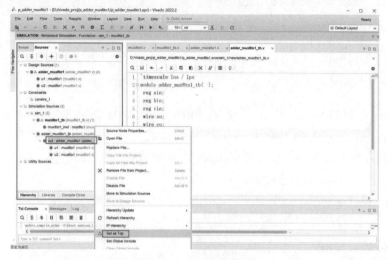

图 3.17　设置顶层文件

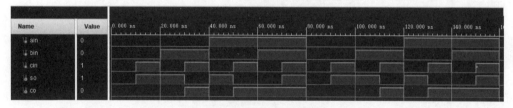

图 3.18　例 3.3 仿真图

（2）上板测试

为了在 PYNQ-Z2 开发板上验证例 3.3 设计的结果，在 Vivado 中添加 PYNQ-Z2 约束文件（命名为 adder_mux8to1）进行引脚绑定，如图 3.19 所示。

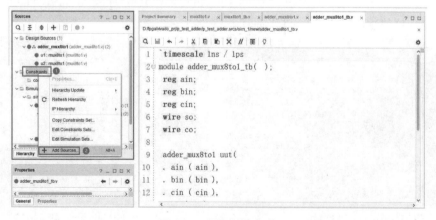

图 3.19　添加约束文件

约束文件如下：

```
##Buttons
set_property-dict { PACKAGE_PIN D19    IOSTANDARD LVCMOS33 } [ get_ports { ain }];
set_property-dict { PACKAGE_PIN D20    IOSTANDARD LVCMOS33 } [ get_ports { bin }];
set_property-dict { PACKAGE_PIN L20    IOSTANDARD LVCMOS33 } [ get_ports { cin }];
##LEDs
set_property-dict { PACKAGE_PIN R14    IOSTANDARD LVCMOS33 } [ get_ports { so }];
set_property-dict { PACKAGE_PIN P14    IOSTANDARD LVCMOS33 } [ get_ports { co }];
```

在工程界面左侧 Flow Navigator 下方，点 PROGRAM AND DEBUG→Generate Bitstream 成功生成 Bitstream 后，通过 USB 线将 PYNQ-Z2 与电脑相连，点 PROGRAM AND DEBUG→Open Hardware Manager→Open Target→Auto Connect 进行硬件连接。成功连接硬件后，点 Program device，弹出烧录 Bitstream 流界面，如图 3.20 所示。

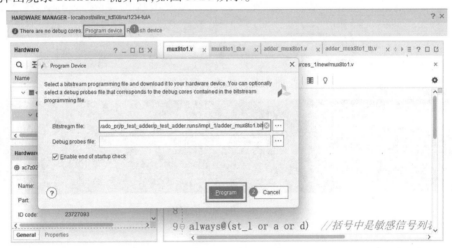

图 3.20　烧录 Bitstream 流到开发板

在 PYNQ-Z2 上运行结果如图 3.21 所示。其中，图 3.21(a)为 {ain,bin,cin} =3' b110 时，本位和 so=1，进位 co=0；图 3.21(b)为 {ain,bin,cin} =3' b111 时，本位和 so=1，进位 co=1，符合一位全加器的进位规律，进一步验证了程序设计的正确性。

(a) {ain,bin,cin}=3'b110　　　　　　　　　(b) {ain,bin,cin}=3'b111

图 3.21　上板测试结果

3.2　时序逻辑电路 HDL 描述方法

时序电路带有记忆功能,它包含有很多内部状态,其输出是输入与内部状态的函数。时序电路设计中常采用同步电路设计的原则。在同步电路中,所有存储单元被同一个全局时钟控制,数据的采集和存储在时钟的上升沿或下降沿发生,而且它允许将数据存储从电路中分离,从而最大程度地简化设计。同步设计方法在复杂的大型数字系统中非常重要,也是大多数情况下综合、仿真以及测试的基本设计原则。本节所有关于时序电路的讨论都是基于同步电路的原理。

3.2.1　时序逻辑电路基础

(1)同步时序电路基本模型

同步时序电路由三部分组成:状态寄存器、下一状态逻辑模块、输出逻辑模块。其基本电路框图如图 3.22 所示。

①状态寄存器是指由同一时钟信号控制的所有 D 触发器。

②下一状态逻辑是指由外部输入和内部状态所决定的状态寄存器新的组合逻辑值,在下一个时钟沿有效。

③输出逻辑是指在当前状态下的输出组合逻辑。

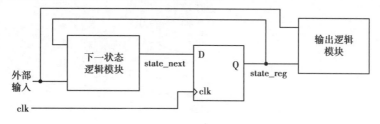

图 3.22　同步系统原理框图

(2)时序电路分类

时序电路代码开发遵循基本时序电路模型(图 3.22)。关键是要将存储单元从系统中分离出来,因为一旦寄存器被隔离,剩余部分都是纯粹的组合逻辑电路,组合逻辑电路的编码与分析方法就可以完全按照 3.1 节所讨论的方法处理。虽然这样会使得代码相对冗繁,但是有利于电路结构的理解,而且可以避免意想不到的锁存器和缓存器产生。

根据时序电路的记忆特征,可以将其分为三类:

①规则时序电路:状态变化具有规律性,如在计数器和移位寄存器中,下一状态逻辑是严格遵循一定规律的规则时序电路。

②FSM 有限状态机:其下一状态逻辑变换不是按照简单可重复的模式进行的,而是"随机逻辑",所以其应该称为"随机时序电路",但通常称之为有限状态机电路。

③带有数据路径的状态机:电路包括规则数据电路和有限状态机两部分。这两部分分别

称为数据路径和控制路径,组合在一起称为带有数据路径的状态机。此电路主要使用寄存器传输方法来描述数学运算的电路。

(3)触发器和锁存器

1)触发器

触发器(Flip-Flop,简写为 FF)是一种对脉冲边沿(即上升沿或者下降沿)敏感的存储电路。随着输入的变化,输出会产生对应的变化。它通常是由至少两个相同的门电路构成的具有反馈性质的组合逻辑电路。应用中为了使触发过程容易控制而做成由时钟触发控制的时序逻辑电路。

触发器需要具备两个特点:

①具有两个能自行保持的稳定状态,用来表示逻辑状态的 0 和 1。

②在触发信号的操作下,根据不同的输入信号可以置成 1 或 0 状态。

触发器的触发方式包括:电平触发、脉冲触发和边沿触发。

触发器根据逻辑功能的不同可以分为:SR 触发器、JK 触发器、T 触发器、D 触发器等。

2)锁存器

锁存器(latch)在电平信号的作用下改变状态,是一种对脉冲电平(即 0 或者 1)敏感的存储单元电路。锁存器的数据存储动作取决于输入使能信号的电平值,仅当锁存器处于使能状态时,输出数据才会随着数据输入发生变化,否则处于锁存状态。由或非门构成的 RS 锁存器如图 3.23 所示。

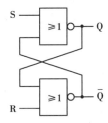

图 3.23　或非门构成的 RS 锁存器

对于锁存器,需要注意以下两点:

①由与非门构成的锁存器和或非门构成的锁存器,它们的真值表特性相反。

②锁存器的输入应该满足一定的约束条件,对于或非门构成的锁存器而言,电路输入应该满足 SR＝0,也就是说 S 和 R 不能同时为 1,否则,S 和 R 同时再变回 0 时,电路输出状态不定。

3)触发器和锁存器的异同

相同点:锁存器和触发器都是具有存储功能的逻辑电路,是构成时序电路的基本逻辑单元,每个锁存器或触发器都能存储一位二值信息。

不同点:

①锁存器是一种对脉冲电平(即 0 或者 1)敏感的电路,而触发器是一种对脉冲边沿(即上升沿或下降沿)敏感的电路。

②锁存器对输入电平敏感,受布线延迟影响较大,很难保证输出没有毛刺产生,这对于下

一级电路是极其危险的,而触发器则不易产生毛刺。

注意:锁存器将静态时序分析变得极为复杂,一般设计规则是在大多数设计中尽量避免产生锁存器,其隐蔽性很强,出现问题时难以排查,所以能用到触发器的地方一般不用锁存器。

(4)Verilog HDL 编程中产生锁存器的原因及避免方法

1)case 语句不包含 default

  解决方法:用 case 必须要有 default 部分。

2)if 语句不包含 else

  解决方法:用 if 语句必须包含 else 部分,或者用时序电路。

3)always 语句的敏感信号列表中没有把所有变量都包含在里面

  解决方法:使用 * 让编译器包含所有变量。

3.2.2 时序逻辑电路的一般描述方法

组合逻辑电路可以在逻辑门级通过调用内置的逻辑门元件进行描述,也可以使用数据流描述语句和行为级描述语句进行描述,而时序逻辑电路中的触发器通常使用行为级描述语句进行描述。

由于时序逻辑电路通常由触发器和逻辑门构成,所以可以将数据流描述语句和行为级描述语句结合起来对它的逻辑功能(行为)进行描述。

以四位二进制同步加法计数器 74LS161 和 74LS163 为例讲解时序逻辑电路的一般设计方法。74LS161 和 74LS163 都是四位同步二进制加法计数器,二者之间唯一的区别是前者为异步清零,后者是同步清零。

74LS161 逻辑符号和功能表分别如图 3.24 和表 3.3 所示。

表 3.3 74LS161 功能表

CLK	CLR_L	LD_L	ENP	ENT	工作状态
x	0	x	x	x	异步清零
↑	1	0	x	x	同步置数
x	1	1	0	x	保持
x	1	1	x	0	保持,RCO=0
↑	1	1	1	1	计数

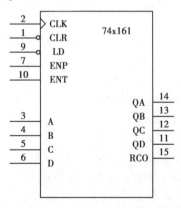

图 3.24 74LS161 逻辑符号

其中:

CLK——时钟输入端

$\overline{\text{CLR}}$——异步清零端(低电平有效)

$\overline{\text{LD}}$——同步置数端(低电平有效)

　　ENT 和 ENP——控制端

　　A ~ D——并行数据输入端

　　QA ~ QD——数据输出端

　　RCO——进位输出端

【例 3.4】异步清零加法计数器 74x161 的设计。

```verilog
module v74x161(clk,clr_l,ld_l,ent,enp,d,q,rco);
input clk,clr_l,ld_l,ent,enp;
input[3:0] d;
output [3:0] q;
output rco;
reg [3:0] q = 4'b0100;
reg rco = 0;
always@(posedge clk or negedge clr_l) begin
    if (clr_l == 0)   q <= 0;              //异步清零
    else if (ld_l == 0)q <= d;
  else if ((ent == 1)&&( enp ==1 ))q <= q+1;
    else q <= q;
end
always @ (q or ent)begin
    if ((ent == 1)&& (q == 15))rco = 1;
    else rco = 0;
end
endmodule
```

【例 3.5】同步清零加法计数器 74x163 的设计。

```verilog
module v74x163(clk,clr_l,ld_l,ent,enp,d,q,rco);
input clk,clr_l,ld_l,ent,enp;
input[3:0] d;
output [3:0] q;
output rco;
reg [3:0] q = 4'b0100;
reg rco = 0;
always@(posedge clk) begin
    if (clr_l == 0)   q <= 0;              //同步清零
    else if (ld_l == 0)q <= d;
    else if ((ent== 1)&& (enp == 1))q <= q+1;
    else q <= q;
end
always @ (q or ent)begin
```

```
    if ((ent == 1) && (q == 15)) rco = 1;
    else rco = 0;
end
endmodule
```

例 3.4 和例 3.5 最大的区别就在于 always 块中敏感信号列表中有无 clr_l，如果有就是异步清零，没有就是同步清零。

值得注意的是：由于第一个 always 块内各个条件语句是顺序执行的，同步置数满足 clr_l = 1，ld_l = 0 时，计数器输出 q = d。

对 74x161 和 74x163 进行仿真，仿真结果分别如图 3.25 和图 3.26 所示。

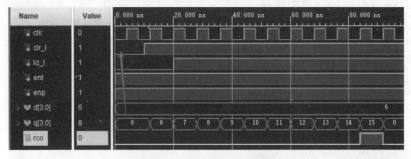

图 3.25　74x161 仿真图

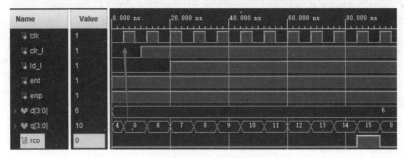

图 3.26　74x163 仿真图

从图 3.25 和图 3.26 中可以清楚看到，异步清零和同步清零的区别在于异步清零不需要等待时钟上升沿，只要 clr_l = 0，立即将输出 q 置零；而同步清零不仅需要 clr_l = 0，还要等待时钟 clk 上升沿的到来。

3.2.3　时序逻辑电路的状态机描述方法

FPGA 区别于 CPU 的一个显著特点就是 CPU 是顺序执行的，而 FPGA 是并行执行的。那么 FPGA 如何处理明显具有时间上先后顺序的事件呢？ 这个时候就需要使用到状态机了。

有限状态机简写为 FSM（Finite State Machine），也称为同步有限状态机，简称状态机，同步是指状态机中所有的状态跳转都是在同一个时钟作用下进行的，有限的含义是状态的个数是有限的。状态机的每一个状态代表一个事件，从执行当前事件到执行另一事件称之为状态的跳转或状态的转移。状态机通过控制各个状态的跳转来控制流程，使得整个代码看上去更加清晰易懂，在控制复杂流程的时候，状态机优势明显。

(1)状态机的分类

根据状态机的输出是否与输入条件相关,可将状态机分为两大类,即米里(Mealy)型状态机和摩尔(Moore)型状态机。

米里型:输出不仅与现态有关,还取决于电路的输入,多用于一般时序电路。

摩尔型:输出只是现态的函数,多用于计数器,是米里型的一种特例。

米里型和摩尔型状态机模型分别如图 3.27 和图 3.28 所示,对比两种模型,不难发现,米里状态机的输出是由当前状态和输入条件决定的,而摩尔状态机的输出只取决于当前状态。

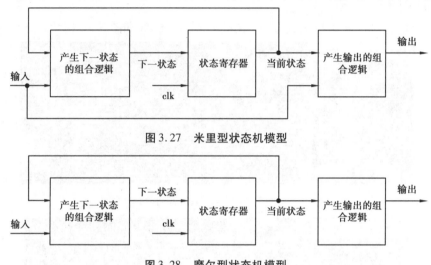

图 3.27   米里型状态机模型

图 3.28   摩尔型状态机模型

(2)状态机的写法

状态机的本质是对具有逻辑顺序或时序规律事件的一种描述方法。好的状态机的标准很多,最重要的几个方面如下:

①状态机要安全,是指 FSM 不会进入死循环,特别是不会进入非预知的状态,而且由于某些扰动进入非设计状态,也能很快地恢复到正常的状态循环中来。这里有两层含义:其一要求该 FSM 的综合实现结果无毛刺等异常扰动;其二要求 FSM 要完备,即使受到异常扰动进入非设计状态,也能很快恢复到正常状态。

②状态机的设计要满足设计的面积和速度的要求。

③状态机的设计要清晰易懂、易维护。

状态机的描述方法通常有三种:一段式、二段式和三段式。

①一段式:整个状态机写到一个 always 模块里面,在该模块中既描述状态转移,又描述状态的输入和输出。

②二段式:用两个 always 模块来描述状态机,其中一个 always 模块采用同步时序描述状态转移;另一个模块采用组合逻辑判断状态转移条件,描述状态转移规律以及输出。

③三段式:在两个 always 模块描述方法基础上,使用三个 always 模块,一个 always 模块采用同步时序描述状态转移;另一个 always 模块采用组合逻辑判断状态转移条件,描述状态转

移规律;第三个 always 模块描述状态输出(可以用组合电路输出,也可以用时序电路输出)。

　　一般而言,推荐的 FSM 描述方法有两种。这是因为:FSM 和其他设计一样,最好使用同步时序方式设计,以提高设计的稳定性,消除毛刺。状态机实现后,一般来说,状态转移部分是同步时序电路而状态的转移条件的判断是组合逻辑电路。

　　第二种描述方法同第一种描述方法相比,将同步时序和组合逻辑分别放到不同的 always 模块中实现,这样做的好处不仅仅是便于阅读、理解、维护,更重要的是利于综合器优化代码,利于用户添加合适的时序约束条件,利于布局布线器实现设计。

　　第三种描述方式与第二种相比,关键在于依据输入条件和状态转移规律,由上一状态判断出当前状态的输出,从而在不插入额外时钟节拍的前提下,实现了寄存器输出。

(3)状态机编码方式

　　状态编码是使用特定数量的寄存器,通过特定形式的取值集合,将状态集合表示出来的过程。常用的编码方式包括:二进制编码(Binary)、独热码(One-hot)、格雷码(Gray code)等。

　　1)二进制编码

　　二进制编码表示采用二进制的编码方式来进行状态编码,它的特点是编码简单,非常符合人们通常的计数规则。例如,状态集合为{S0、S1、S2、S3},若采用二进制编码方式,结果应为:S0 = 00;S1 = 01;S2 = 10;S3 = 11。

　　2)独热码

　　独热码的特点是状态寄存器在任何状态时的取值都仅有一位有效。例如,状态集合为{S0、S1、S2、S3},若采用独热编码方式,结果应为:S0 = 0001;S1 = 0010;S2 = 0100;S3 = 1000。

　　由此可见,独热码编码方式的结果其实就是 2-4 译码器的输出,因此在状态选择时需要的译码电路也最简单,译码速度也最快,而且还能够避免译码时引起毛刺,因此对 FPGA 设计的速度性能和功耗非常有利,在一些大型电路中使用得较多。

　　不过,独热码编码方式占用的寄存器资源较多,因此适合在寄存器富裕时使用,而且由于任意两个状态之间所对应的寄存器取值都有两位不同,因此在状态切换时会产生不稳定态,而这会对组合电路的输出信号产生不好的影响。

　　3)格雷码

　　格雷码即采用格雷码的方式来进行状态编码,它的特点是相邻两个状态的寄存器表示仅有一位变化。例如,状态集合为{S0、S1、S2、S3},若采用格雷码编码方式,结果应为:S0 = 00;S1 = 01;S2 = 11;S3 = 10。

　　由于两个状态之间仅有 1 位不同,因此非常有利于消除当状态机在相邻状态间跳转时所产生的毛刺,不过上述优势的前提是必须保证状态机的状态迁移是顺序或逆序变化的,所以格雷编码方式仅适用于分支较少的状态机,而当状态机的规模较为庞大时,格雷码的优势便很难得到发挥。

(4)状态机实例

　　下面以序列 10010 检测为例,介绍 3 种状态机的写法。10010 序列状态转移图如图 3.29 所示。

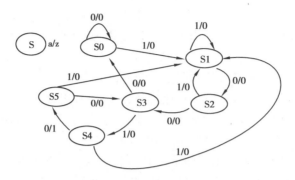

图 3.29　10010 状态转移图

其中,a 是输入,z 是检测输出,作如下说明:

初始状态 S0:若 a = 0,保持 S0,z = 0;若 a = 1,跳转到 S1,z = 0。

下一状态 S1:若 a = 1,保持 S1,z = 0;若 a = 0,跳转到 S2,z = 0。

下一状态 S2:若 a = 1,跳转到 S1,z = 0;若 a = 0,跳转到 S3,z = 0。

下一状态 S3:若 a = 0,跳转到 S0,z = 0;若 a = 1,跳转到 S4,z = 0。

下一状态 S4:若 a = 1,跳转到 S1,z = 0;若 a = 0,跳转到 S5,z = 1。

下一状态 S5:若 a = 0,跳转到 S3,z = 0;若 a = 1,跳转到 S1,z = 0。

1)一段式

```
/////////////////////////////////////
//state machine
module seq_10010_1(
    input   wire   clk,
    input   wire   rst_n,
    input   wire   data_in,
    output   reg   seq_out
    );

parameter   IDLE = 3 ' d0,
            S1 = 3 ' d1,
            S2 = 3 ' d2,
            S3 = 3 ' d3,
            S4 = 3 ' d4,
            S5 = 3 ' d5;
reg [2:0] state,next_state;
always@( posedge clk or negedge rst_n)
    if( !rst_n)begin
        state = IDLE;
        seq_out = 0;
        next_state = IDLE;
    end
    else case( state)
```

```
            IDLE: begin
                next_state = (data_in) ? S1 : IDLE;
                state = next_state;
                seq_out = 0;
            end
            S1:begin
                next_state = (data_in) ? S1 : S2;
                state = next_state;
                seq_out = 0;
            end
            S2:begin
                next_state = (data_in) ? S1 : S3;
                state = next_state;
                seq_out = 0;
            end
            S3:begin
                next_state = (data_in) ? S4 : IDLE;
                state = next_state;
                seq_out = 0;
            end
            S4:begin
                next_state = (data_in) ? S1 : S5;
                state = next_state;
                seq_out = 1;
            end
            S5:begin
                next_state = (data_in) ? S1 : S3;
                state = next_state;
                seq_out = 0;
            end
        end
        default: next_state = IDLE;
    endcase
endmodule
```

2)二段式

```
//////////////////////////////////////
// state machine
module seq_10010_2(
    input  wire  clk,
    input  wire  rst_n,
    input  wire  data_in,
    output reg   seq_out
    );
```

```verilog
parameter  IDLE = 3'd0,
          S1 = 3'd1,
          S2 = 3'd2,
          S3 = 3'd3,
          S4 = 3'd4,
          S5 = 3'd5;

reg [2:0] state,next_state;
always@(posedge clk or negedge rst_n)
    if(!rst_n)
        state <= IDLE;
    else
        state <= next_state;
always@(data_in or state)
    if(!rst_n) begin
        next_state = IDLE;
        seq_out = 0;
    end
else case(state)
    IDLE:begin
        next_state = (data_in) ? S1:IDLE;
        seq_out = 0;
    end
    S1:begin
        next_state = (data_in) ? S1:S2;
        seq_out = 0;
    end
    S2:begin
        next_state = (data_in) ? S1:S3;
        seq_out = 0;
    end
    S3:begin
        next_state = (data_in) ? S4:IDLE;
        seq_out = 0;
    end
    S4:begin
        next_state = (data_in) ? S1:S5;
        seq_out = 0;
    end
    S5:begin
        next_state = (data_in) ? S1:S3;
```

```
            seq_out = 1;
        end
    default: next_state = IDLE;
  endcase
endmodule
```

3) 三段式

```
/////////////////////////////////////
//state machine
module seq_10010_3(
    input   wire   clk,
    input   wire   rst_n,
    input   wire   data_in,
    output  reg    seq_out
    );

parameter   IDLE = 3 ' d0,
            S1 = 3 ' d1,
            S2 = 3 ' d2,
            S3 = 3 ' d3,
            S4 = 3 ' d4,
            S5 = 3 ' d5;
reg [2:0] state,next_state;
always@( posedge clk or negedge rst_n)
    if( !rst_n)
        state <= IDLE;
    else
        state <= next_state;
always@( data_in or state)
    case(state)
        IDLE:
            next_state = (data_in) ? S1:IDLE;
        S1:
            next_state = (data_in) ? S1:S2;
        S2:
            next_state = (data_in) ? S1:S3;
        S3:
            next_state = (data_in) ? S4:IDLE;
        S4:
            next_state = (data_in) ? S1:S5;
```

```
        S5:
            next_state = ( data_in ) S1:S3;
        default: next_state = IDLE;
    endcase
always@ ( * )
    if( !rst_n )
        seq_out = 0;
    else if( state == S5 )
        seq_out = 1;
    else
        seq_out = 0;
endmodule
```

以上三个程序的仿真程序基本一致,唯一区别就是元件例化时模块调用不同,这里仅给出一段式仿真程序。由仿真图 3.30 可以看出当 data_in 连续输入 10010 时,检测结果为 1,验证了程序设计的正确性。

```
module seq_10010_1_tb;
reg    clk;
reg    rst_n;
reg    data_in;
wire   seq_out;

seq_10010_1 seq_10010_1_inst(
    .clk ( clk ),
    .rst_n ( rst_n ),
    .data_in ( data_in ),
    .seq_out ( seq_out )
);
localparam   data = 15 ' b101001001000100;
integer i;
initial begin
    clk = 0;
    rst_n = 0;
    data_in = 0;
    i = 0;
    #10 rst_n = 1;
    for ( i = 0; i < 15; i = i+1 ) begin
    #20 data_in = data[ 14 - i ];
    end
end
always #10 clk = ~clk;
endmodule
```

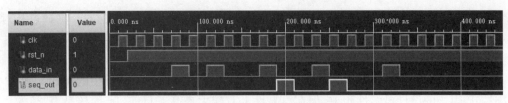

图 3.30   序列 10010 检测仿真图

3.3   IP 核的生成与使用

3.3.1   IP 核简介

IP(Intelligent Property) 核是具有知识产权核的集成电路芯核的总称,是经过反复验证过的、具有特定功能的宏模块,它与芯片制造工艺无关,可以移植到不同的半导体工艺中。到了 SoC 阶段,IP 核设计已成为 ASIC 电路设计公司和 FPGA 提供商的重要任务,也是其实力的体现。对于 FPGA 开发软件,其提供的 IP 核越丰富,用户的设计就越方便,其市场占用率就越高。目前,IP 核已经变成系统设计的基本单元,并作为独立设计成果被交换、转让和销售。

(1)IP 核的分类

IP 核模块有行为(Behavior)、结构(Structure) 和物理(Physical) 三级不同程度的设计,对应描述功能行为的不同分为三类,即软核(Soft IP Core)、完成结构描述的固核(Firm IP Core) 和基于物理描述并经过工艺验证的硬核(Hard IP Core)。从完成 IP 核所花费的成本来讲,硬核代价最大;从使用灵活性来讲,软核的可复用使用性最高。

①软核:软核在 EDA 设计领域指的是综合之前的寄存器传输级(RTL) 模型;具体在 FPGA 设计中指的是对电路的硬件语言描述,包括逻辑描述、网表和帮助文档等。软核只经过功能仿真,需要经过综合以及布局布线才能使用。其优点是灵活性高、可移植性强,允许用户自配置;缺点是对模块的预测性较低,在后续设计中存在发生错误的可能性,有一定的设计风险。软核是 IP 核应用最广泛的形式。

②固核:固核在 EDA 设计领域指的是带有平面规划信息的网表;具体在 FPGA 设计中可以看作带有布局规划的软核,通常以 RTL 代码和对应具体工艺网表的混合形式提供。将 RTL 描述结合具体标准单元库进行综合优化设计,形成门级网表,再通过布局布线工具即可使用。和软核相比,固核的设计灵活性稍差,但在可靠性上有较大提高。目前,固核也是 IP 核的主流形式之一。

③硬核:硬核在 EDA 设计领域指经过验证的设计版图;具体在 FPGA 设计中指布局和工艺固定、经过前端和后端验证的设计,设计人员不能对其修改。不能修改的原因有两个:首先是系统设计对各个模块的时序要求很严格,不允许打乱已有的物理版图;其次是保护知识产权的要求,不允许设计人员对其有任何改动。IP 硬核的不许修改特点使其复用有一定的困难,因此只能用于某些特定应用,使用范围较窄。

(2)三种 IP 核的优缺点

①软核:它以综合源代码的形式交付给用户,其优点是源代码灵活,在功能一级可以重新

配置,可以灵活选择目标制造工艺。灵活性高、可移植性强,允许用户自配置。其缺点是对电路功能模块的预测性较差,在后续设计中存在发生错误的可能性,有一定的设计风险。并且 IP 软核的知识产权保护难度较大。

②固核:它的灵活性和成功率介于 IP 软核和 IP 硬核之间,是一种折中的类型。和 IP 软核相比,IP 固核的设计灵活性稍差,但在可靠性上有较大提高。目前,IP 固核是 IP 核的主流形式之一。

③硬核:它的最大优点是确保性能,如速度、功耗等达到预期效果。然而,IP 硬核与制造工艺相关,难以转移到新的工艺或者集成到新的结构中去,是不可以重新配置的。IP 硬核不许修改的特点使其复用有一定的困难,因此只能用于某些特定应用,使用范围较窄。但 IP 硬核的知识产权保护最为方便。

(3)IP 核举例

最典型有 ARM 公司的各种类型的 CPU IP 核。许多 IP 供应商提供的 DSP IP 核、USB IP 核、PCI-X IP 核、Wi-Fi IP 核、以太网 IP 核、嵌入式存储器 IP 核等,五花八门,品种繁多。

如果按大类分,IP 核大体上可分为处理器和微控制器类 IP、存储器类 IP、外设及接口类 IP、模拟和混合电路类 IP、通信类 IP、图像和媒体类 IP 等。

全球大的 EDA 供应商中,有些也是 IP 供应商。例如美国新思科技(Synopsys)可提供上千种各类 IP。涵盖逻辑电路(Logic Libraries)、嵌入式存储器(Embedded Memories)、模拟电路(Analog Libraries)、有线和无线通信接口(Wired and Wireless Interface)、安全(Security)、嵌入式处理器(Embedded Processors)和子系统(Subsystems)等方面的 IP。

3.3.2 自定义 IP 核的使用

Vivado 自带了一些常用 Xilinx IP,可以直接调用。如果没有所需要的 IP,就只能自定义 IP 或调用第三方 IP。这里以四位同步二进制加法计数器 74x163 和 8 选 1 数据选择器 74x151 产生序列信号 101100 为例介绍 IP 核的生成与使用方法。74x163 和 74x151 产生序列发生器 101100 原理图如图 3.31 所示。

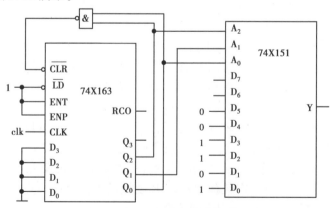

图 3.31　74x163 和 74x151 产生序列信号 101100

图 3.31 中 74x163 同步清零构成模 6 计数器,其输出 $Q_2 \sim Q_0$ 控制 74x151 数据选择端 $A_2 \sim A_0$,依次选择 $D_0 \sim D_5$ 作为输出结果,产生 101100 周期序列。

（1）生成 74x163 IP 和 74x151 IP

在 Vivado 中新建工程 p_v74x163，板卡选择 PYNQ-Z2。Vivado 中选择 add or creat design source，添加 3.2 节中 74x163 代码如下：

```
module v74x163(clk,clr_l,ld_l,ent,enp,d,q,rco);
input clk,clr_l,ld_l,ent,enp;
input[3:0] d;
output [3:0] q;
output rco;
reg [3:0] q = 4'b0100;
reg rco = 0;
always@(posedge clk) begin
    if(clr_l == 0)   q <= 0;              //同步清零
    else if(ld_l == 0)q <= d;
    else if((ent == 1)&&(enp == 1))q <= q+1;
    else q <= q;
end
always @ (q or ent)begin
    if((ent == 1)&&(q == 15))rco = 1;
    else rco = 0;
end
endmodule
```

由于之前已经仿真过该程序，故直接生成相应 IP，具体操作过程如下：

①单击 Tools → Create and Package New IP，如图 3.32 所示。

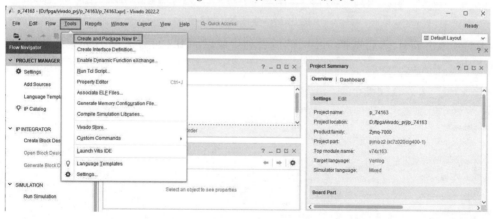

图 3.32　Create and Package New IP

②弹出界面后，点击 next 至图 3.33 界面，选择 Package your current project，然后继续单击 next。

③选择生成的 IP 路径，如图 3.34 所示。这个路径就是后续添加该 IP 的路径。

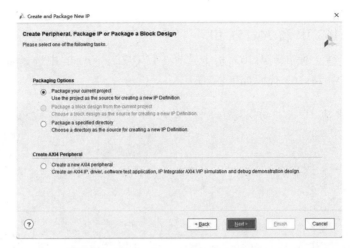

图 3.33 Package your current project

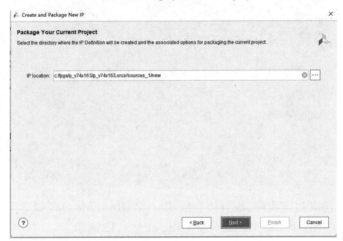

图 3.34 生成的 IP 路径

④继续单击 next，然后选择 finish，然后看到生成后的 IP，如图 3.35 所示。

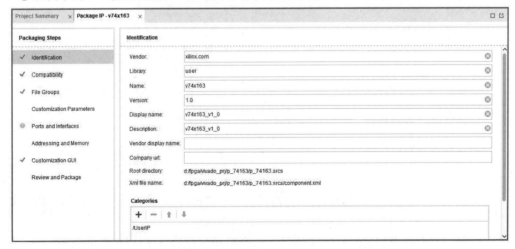

图 3.35 74x163 IP 信息

同样的方法在 Vivado 中新建 p_v74x151 工程,添加 74x151 程序如下:

```verilog
module v74x151(
input st_l,
input [2:0] a,
input [7:0] d,
output reg y
    );

always@(st_l or a or d)begin
    if(!st_l)   case(a)
        3'b000: y = d[0];
        3'b001: y = d[1];
        3'b010: y = d[2];
        3'b011: y = d[3];
        3'b100: y = d[4];
        3'b101: y = d[5];
        3'b110: y = d[6];
        3'b111: y = d[7];
    default: y = 1'b0;
    endcase
  else y = 1'b0;
end
endmodule
```

生成的 74x151 IP 信息如图 3.36 所示。

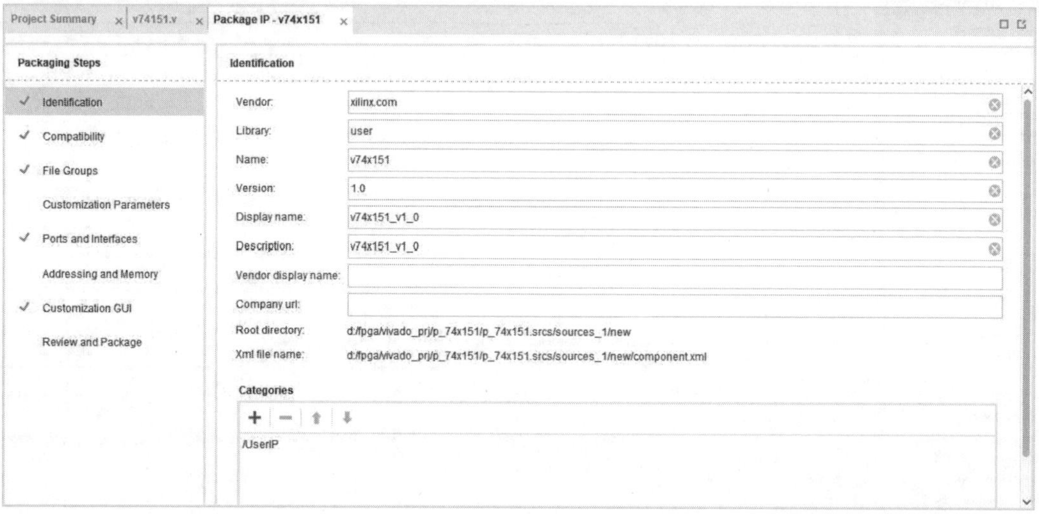

图 3.36　74x151 IP 信息

(2) 调用 IP 产生序列信号 1010110

① 新建工程 p_seq_101100, 然后点击 Settings→Repository→+, 找到之前生成的 74x163 和 74x151 的 IP 文件夹, 如图 3.37 所示。

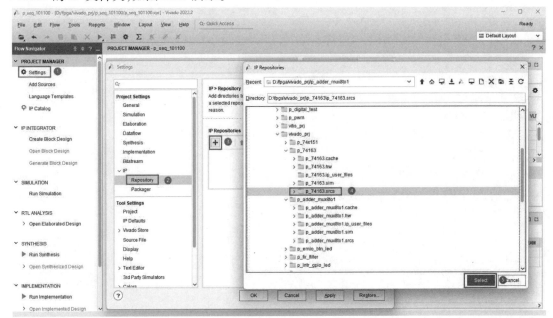

图 3.37　添加 IP

② 添加成功后, 点击 IP Catalog 可以在 UserIP 中看到添加的自定义 IP, 如图 3.38 所示。

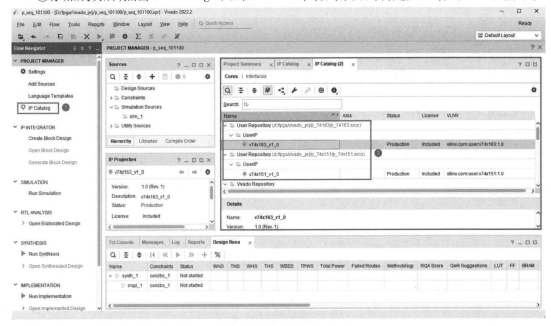

图 3.38　成功添加自定义 IP

③ 双击 v74x163_v1_0, 在弹出界面中点击 ok, 接着在 Generate Output Products 界面中点

击 Generate，将 IP 加载到 Design Sources 以供顶层设计文件调用，如图 3.39 所示。

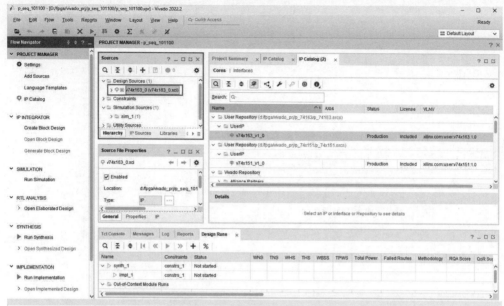

图 3.39　加载 IP 到 Design Sources

④同样的方式将 v74x151_v1_0 加载到 Design Sources，点击 xci 文件前面的下拉框，可以将文件展开以显示该 IP 的 module 名称，如图 3.40 所示，在需要调用时使用该 module 即可。

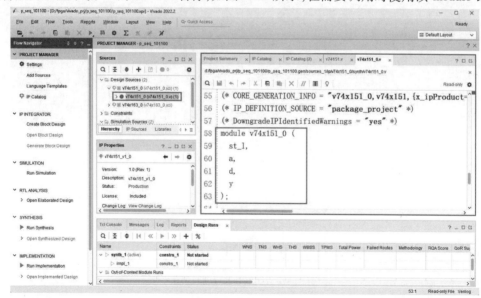

图 3.40　74x151 IP 模块名称

⑤编写顶层文件 seq_101100.v，调用 74x163 和 74x151 生成的 IP，实现序列信号 101100，其 RTL 原理图如图 3.41 所示，具体代码如下：

```
module seq_101100(
input clk,
output seq
);
wire[3:0]q;
wire rco;
wire clr_l;

v74x163_0 u1(
    . clk ( clk ),
    . clr_l ( clr_l ),
    . ld_l ( 1 ),
    . ent ( 1 ),
    . enp ( 1 ),
    . d ( 4'b0000 ),
    . q ( q ),
    . rco ( rco )
);

v74x151_0 u2(
    . st_l ( 0 ),
    . a ( q[2:0] ),
    . d ( 8'b00001101 ),
    . y ( seq )
);
assign clr_l = ~( q[2] & q[0] );
endmodule
```

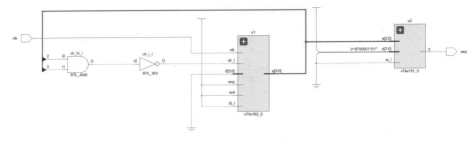

图 3.41　101100 RTL 原理图

⑥编写如下仿真文件进行验证,仿真图如图 3.42 所示。

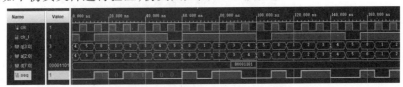

图 3.42　序列信号 101100 仿真图

```
module seq_101100_tb;
reg clk;
wire seq;

seq_101100 uut(
  . clk ( clk ),
  . seq ( seq )
    );

initial begin
clk = 0;
end
always #4 clk  =  ~clk;
endmodule
```

由图 3.42 可以看出，clr_l 控制 74x163 计数模值 q，q 值送入 74x151 的地址端 $a_2 \sim a_0$，输出依次选择 $d_0 \sim d_5$，使得 seq = 101100，生成了预想序列信号。

3.4　SPI 和 IIC 接口设计

SPI、IIC 和 UART 是常用的 3 种串行通信方式，本节分别介绍 SPI 和 IIC 通信原理及 HDL 设计方法，有关 UART 原理及设计方法将在 4.4 节中进行介绍。

3.4.1　SPI 通信原理及 HDL 设计

（1）SPI 总线介绍

SPI(Serial Peripheral Interface，串行外围设备接口)是 Motorola 公司提出的一种同步串行接口技术，是一种高速、全双工、同步通信总线，广泛应用于 EEPROM、闪存(Flash)、实时时钟(RTC)、数模转换器(ADC)、网络控制器、微处理控制单元(MCU)、数字信号处理器(DSP)以及数字信号解码器之间。SPI 通信的速度很容易达到几兆比特每秒(Mbps)，因此可以用 SPI 总线传输一些未压缩的音频以及压缩的视频。

SPI 通信以主从方式进行工作，这种模式通常包括一个主设备和一个或多个从设备，标准 SPI 接口需要 4 根信号线(SCK、CS/SS、MOSI 和 MISO)，典 SPI 总线通信型结构图如图 3.43 所示。

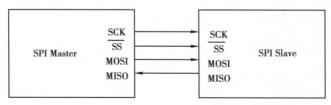

图 3.43　典型 SPI 总线通信结构图

由图 3.43 可知 SPI 总线传输只需要 4 根线就能完成,这 4 根线的作用分别如下:

①SCK(Serial Clock):串行时钟线,作用是 Master 向 Slave 传输时钟信号,控制数据交换的时机和速率。

②MOSI(Master Out Slave in):在 SPI Master 上也被称为 Tx-channel,作用是 SPI 主机给 SPI 从机发送数据。

③CS/SS(Chip Select/Slave Select):片选信号,低电平有效,作用是 SPI Master 选择与哪一个 SPI Slave 通信。

④MISO(Master In Slave Out):在 SPI Master 上也被称为 Rx-channel,负责 SPI 从机到 SPI 主机的数据传输。

(2) SPI 总线传输模式

SPI 总线传输模式有 4 种,分别由时钟极性(Clock Polarity, CPOL)和时钟相位(Clock Phase, CPHA)来定义,其中 CPOL 参数规定了 SCK 时钟信号空闲状态的电平,CPHA 规定了数据是在 SCK 时钟的第一个跳变沿还是第二个跳变沿被采样,在紧挨着的那个跳变沿进行数据切换。

①模式 0:CPOL= 0,CPHA=0。SCK 串行时钟线空闲时为低电平,数据在 SCK 时钟的上升沿被采样,数据在 SCK 时钟的下降沿切换。

②模式 1:CPOL= 0,CPHA=1。SCK 串行时钟线空闲时为低电平,数据在 SCK 时钟的下降沿被采样,数据在 SCK 时钟的上升沿切换。

③模式 2:CPOL= 1,CPHA=0。SCK 串行时钟线空闲时为高电平,数据在 SCK 时钟的下降沿被采样,数据在 SCK 时钟的上升沿切换。

④模式 3:CPOL= 1,CPHA=1。SCK 串行时钟线空闲是为高电平,数据在 SCK 时钟的上升沿被采样,数据在 SCK 时钟的下降沿切换。

其中比较常用的模式是模式 0 和模式 3,这是因为芯片多数采用上升沿采样。

(3) SPI 总线 HDL 设计

采用状态机方法实现 SPI 发送功能,该模块工作在 SPI 的模式 0 下,其时序如图 3.44 所示。FPGA 作为主设备通过 SPI 接口发送数据到从设备,传输数据为 8 位,通过仿真验证其功能的正确性。

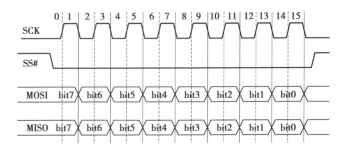

图 3.44　SPI 模式 0 时序图

SPI 发送模块的 Verilog HDL 程序如下:

```
module spi_send(
    input              clk       ,   // 系统时钟
    input              rst_n     ,   // 复位信号,低电平有效
    input              tx_en     ,   // 发送使能信号
    input    [7:0]     data_in   ,   // 要发送的数据
    output   reg       tx_done   ,   // 发送一个字节完毕标志位

    output   reg       spi_sck   ,   // SPI 时钟
    output   reg       spi_cs    ,   // SPI 片选信号
    output   reg       spi_mosi );   // SPI 输出,用来给从机发送数据

reg [3:0]   tx_state                 //发送数据状态机
always @ (posedge clk or negedge rst_n) begin
if(!rst_n)   begin
    tx_state   <=   4'd0    ;
    spi_cs     <=   1'b1    ;
    spi_sck    <=   1'b0    ;
    spi_mosi   <=   1'b0    ;
    tx_done    <=   1'b0    ;
end
else if(tx_en)   begin                 // 发送使能信号打开的情况下
    spi_cs     <=   1'b0    ;           // 把片选 CS 拉低
        case(tx_state)
            4'd1,4'd3,4'd5,4'd7 ,
            4'd9,4'd11,4'd13,4'd15:  begin //奇数状态时拉高 spi_sck
                spi_sck   <=   1'b1                 ;
                tx_state  <=   tx_state + 1'b1      ;
                tx_done   <=   1'b0                 ;
            end
            4'd0: begin                 // 发送第 7 位数据
                spi_mosi  <=   data_in[7]           ;
                spi_sck   <=   1'b0                 ;
                tx_state  <=   tx_state + 1'b1      ;
                tx_done   <=   1'b0                 ;
            end
            4'd2: begin                 // 发送第 6 位数据
                spi_mosi  <=   data_in[6]           ;
                spi_sck   <=   1'b0                 ;
                tx_state  <=   tx_state + 1'b1      ;
                tx_done   <=   1'b0                 ;
            end
            4'd4: begin  // 发送第 5 位数据
```

```verilog
            spi_mosi  <=  data_in[5]          ;
            spi_sck   <=  1'b0                ;
            tx_state  <=  tx_state + 1'b1     ;
            tx_done   <=  1'b0                ;
        end
        4'd6: begin              // 发送第 4 位数据
            spi_mosi  <=  data_in[4]          ;
            spi_sck   <=  1'b0                ;
            tx_state  <=  tx_state + 1'b1     ;
            tx_done   <=  1'b0                ;
        end
        4'd8: begin              // 发送第 3 位数据
            spi_mosi  <=  data_in[3]          ;
            spi_sck   <=  1'b0                ;
            tx_state  <=  tx_state + 1'b1     ;
            tx_done   <=  1'b0                ;
        end
        4'd10: begin             // 发送第 2 位数据
            spi_mosi  <=  data_in[2]          ;
            spi_sck   <=  1'b0                ;
            tx_state  <=  tx_state + 1'b1     ;
            tx_done   <=  1'b0                ;
        end
        4'd12: begin             // 发送第 1 位数据
            spi_mosi  <=  data_in[1]          ;
            spi_sck   <=  1'b0                ;
            tx_state  <=  tx_state + 1'b1     ;
            tx_done   <=  1'b0                ;
        end
        4'd14: begin             // 发送第 0 位数据
            spi_mosi  <=  data_in[0]          ;
            spi_sck   <=  1'b0                ;
            tx_state  <=  tx_state + 1'b1     ;
            tx_done   <=  1'b1                ;
        end
        default: tx_state <=  4'd0            ;
        endcase
    end
end
endmodule
```

SPI 发送模块仿真程序如下：

```
module spi_send_tb( );
    reg      clk;
    reg      rst_n;
    reg      tx_en;
    reg [7:0] data_in;
    wire     tx_done;
    wire     spi_sck;
    wire     spi_cs;
    wire     spi_mosi;

spi_send   uut (
    . clk         (   clk       ),
    . rst_n       (   rst_n     ),
    . tx_en       (   tx_en     ),
    . data_in     (   data_in   ),
    . tx_done     (   tx_done   ),
    . spi_sck     (   spi_sck   ),
    . spi_cs      (   spi_cs    ),
    . spi_mosi    (   spi_mosi ));

initial begin
    clk  = 0;
    rst_n = 0;
    tx_en = 1;
    data_in = 8 ' h00;
    #30;
    rst_n = 1;
end

always #4   clk = ~ clk ;

always @ ( posedge clk or negedge rst_n) begin
    if( !rst_n)    data_in <= 8 ' h00;
    else if( data_in == 8 ' hff)   begin
      data_in <= 8 ' hff;
      tx_en <= 0;
    end
    else if( tx_done) data_in <=   data_in + 1 ' b1 ;
end

endmodule
```

使用 Vivado 自带仿真器仿真 SPI 发送模块的逻辑功能,其仿真波形如图 3.45 所示。通过仿真波形可以看出,SPI 输入的 8 位并行数据依次为 8′h00-8′hff,SPI 输出的串行数据与发送数据一致,验证了该模块逻辑功能的正确性。

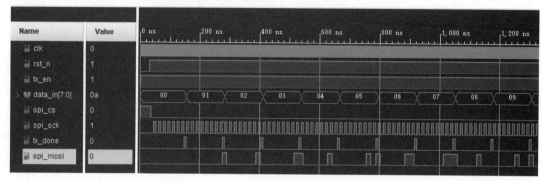

图 3.45   SPI 发送模块仿真波形

3.4.1   IIC 总线原理及 HDL 设计

(1) IIC 总线介绍

IIC(Inter Integrated Circuit,集成电路总线)是由 Philips 公司在 20 世纪 80 年代初提出,用于 IC 器件之间连接的一种简单、双向二线制总线标准。它通过两根线(SDA,串行数据线;SCL,串行时钟线)在连到总线上的器件之间传送信息,根据地址识别每个器件(如微控制器、LCD 驱动器、存储器、键盘接口)。根据器件的功能可以工作在发送模式或者接收模式。IIC 总线支持多种速度模式,如标准模式(100kbps)、快速模式(400kbps)和高速模式(3.4Mbps),以适应不同的应用需求。

通常情况下,一个标准的 IIC 通信由四部分组成:开始信号、从机地址传输、数据传输、停止信号。主机先发送一个开始信号,启动一次 IIC 通信,在主机对从机寻址后,再在总线上传输数据。发送到 SDA 线上的每一个字节均为 8 位,首先发送数据的最高位,每传送一个字节后都必须跟随一个应答位,每次通信的数据字节数没有限制,在全部数据传送结束后,由主机发送停止信号,结束通信。

如果从机需要完成其他功能(如响应一个内部中断服务程序)后才能接收或发送下一个完整的数据字节,则可以使时钟线 SCL 保持低电平,迫使主机进入等待状态,在从机准备接收或发送下一个数据字节并释放时钟线 SCL 后才能继续传输数据。

(2) IIC 总线时序

IIC 数据传输时序分为写时序和读时序。其中,写时序包括字节写和页写,读时序包括字节读和页读。IIC 数据通信相关名词解释如下:

空闲状态:当 IIC 总线的 SDA 和 SCL 两条信号线同时处于高电平时,规定为总线的空闲状态。

开始信号:在时钟线 SCL 保持高电平期间,当数据线 SDA 上的电平被拉低(即负跳变)时,定义为 IIC 总线的起始信号,它标志着一次数据传输的开始,如图 3.46 所示。

停止信号:在时钟线 SCL 保持高电平期间,当数据线 SDA 被释放,使得 SDA 返回高电平(即正跳变)时,定义为 IIC 总线的停止信号,它标志着一次数据传输的终止,如图 3.46 所示。

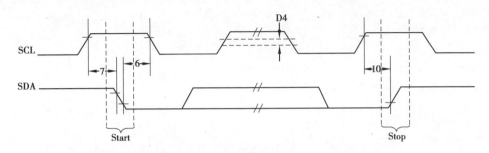

图 3.46　IIC 开始与停止时序图

数据信号:在 IIC 总线上传送的每一位数据都有一个时钟脉冲与其相对应(或同步控制),即在 SCL 串行时钟的配合下,数据在 SDA 上从高位向低位依次串行传送每一位数据,如图 3.47 所示。

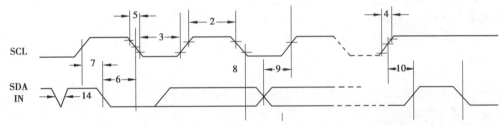

图 3.47　IIC 数据传输时序图

应答信号:IIC 总线上的所有数据都是以 8 位字节传送的,发送器(主机)每发送一个字节,就在第 9 个时钟脉冲期间释放数据线,由接收器(从机)反馈一个应答信号。当应答信号为低电平时,规定为有效应答位(ACK),表示接收器成功接收了该字节;当应答信号为高电平时,规定为非应答位(NACK),表示接收器没有成功接收该字节,如图 3.48 所示。

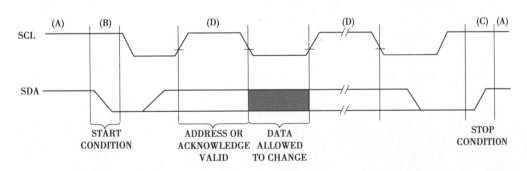

图 3.48　IIC 应答时序图

(3) IIC 总线 HDL 设计

采用三段式状态机方法设计一个 IIC 发送模块,关于 inout 类型接口 iic_sda 的使用,输入使能时,该接口输出高阻态,输出使能时,该接口输出有效数据,其 Verilog HDL 程序如下:

```verilog
module iic_send(
input       clk                   ,//系统时钟
input       rst_n                 ,//系统复位,低电平有效
input       iic_send_en           ,//用户写使能
input [6:0] iic_device_addr       ,//从设备器件地址
input [7:0] iic_send_addr         ,//用户寄存器地址
input [7:0] iic_send_data         ,//用户寄存器数据
output      iic_scl               ,//IIC 时钟
inout       iic_sda               ) ;//IIC 数据

parameter   idle              = 8'h01;//空状态
parameter   send_device_state = 8'h02;//发送器件地址状态
parameter   send_addr_state   = 8'h04;//发送用户地址状态
parameter   send_data_state   = 8'h08;//发送用户数据状态
parameter   send_end_state    = 8'h10;//发送结束状态
parameter   send_ack1_state   = 8'h20;//发送器件地址应答状态
parameter   send_ack2_state   = 8'h40;//发送用户地址应答状态
parameter   send_ack3_state   = 8'h80;//发送用户数据应答状态

reg   [7:0]  iic_cstate          ;//当前状态
reg   [7:0]  iic_nstate          ;//下一状态
reg   [3:0]  send_device_cnt     ;//发送器件地址状态计数器
reg   [3:0]  send_addr_cnt       ;//发送用户地址状态计数器
reg   [3:0]  send_data_cnt       ;//发送数据地址状态计数器
reg          iic_ack_en          ;//应答信号使能
wire         iic_ack             ;//应答信号
reg          sda_reg             ;//IIC 时钟
reg          scl_reg             ;//IIC 数据

//assign iic_ack = iic_sda        ;//实际设置
assign iic_ack = 1'b0             ;//仿真设置

//------------------------当前状态跳转------------------------------

always @ ( posedge clk or negedge rst_n ) begin
    if( !rst_n ) iic_cstate <= idle;
    else     iic_cstate <= iic_nstate;
end
```

```
//————————————————下一状态跳转——————————————————————————
always @ ( * ) begin
    iic_nstate = idle;  //状态机初始化
    case( iic_cstate )
        idle : begin    //用户写数据使能,跳转到发送器件地址状态
            if( iic_send_en) iic_nstate = send_device_state;
            else    iic_nstate = idle;
        end
        send_device_state : begin   //发送器件地址完成,跳转到器件地址应答状态
            if( send_device_cnt == 4 ' d8 ) iic_nstate = send_ack1_state;
            else    iic_nstate = send_device_state;
        end
        send_addr_state : begin   //发送用户地址完成,跳转到用户地址应答状态
            if( send_addr_cnt == 4 ' d8 )  iic_nstate = send_ack2_state;
            else    iic_nstate = send_addr_state;
        end
        send_data_state : begin   //发送用户数据完成,跳转到用户数据应答状态
            if( send_data_cnt == 4 ' d8) iic_nstate = send_ack3_state;
            else    iic_nstate = send_data_state;
        end
        send_ack1_state : begin
            if( !iic_ack)   iic_nstate = send_addr_state; //应答响应
            else      iic_nstate = send_ack1_state;
        end
        send_ack2_state : begin
            if( !iic_ack )   iic_nstate = send_data_state; //应答响应
            else    iic_nstate = send_ack2_state;
        end
        send_ack3_state : begin
            if( !iic_ack)   iic_nstate = send_end_state; //应答响应
            else    iic_nstate = send_ack3_state;
        end
        send_end_state : iic_nstate = idle; //写数据结束
        default : iic_nstate = idle;   //防止状态机跑飞,重新回到空状态
    endcase
end
```

```verilog
//-------发送器件地址状态时,计数器计数;其他状态,计数器清零----------
always @ ( posedge clk or negedge rst_n) begin
    if( !rst_n)   send_device_cnt <= 4 'd0;
    else if( iic_cstate == send_device_state) send_device_cnt <= send_device_cnt + 1 'b1;
    else   send_device_cnt <= 4 'd0;
end

//---------发送用户地址状态时,计数器计数;其他状态,计数器清零---------
always @ ( posedge clk or negedge rst_n) begin
    if( !rst_n)   send_addr_cnt <= 4 'd0;
    else if( iic_cstate == send_addr_state) send_addr_cnt <= send_addr_cnt + 1 'b1;
  else   send_addr_cnt <= 4 'd0;
end

//-------发送用户数据状态时,计数器计数;其他状态,计数器清零---------
always @ ( posedge clk or negedge rst_n) begin
    if( !rst_n)   send_data_cnt <= 4 'd0;
    else if( iic_cstate == send_data_state) send_data_cnt <= send_data_cnt + 1 'b1;
    else   send_data_cnt <= 4 'd0;
end

always @ ( posedge clk or negedge rst_n) begin
    if( !rst_n)    iic_ack_en <= 'd0;
    else if( iic_cstate == send_device_state) begin
        if( send_device_cnt == 4 'd8) iic_ack_en <= 1 'b1; //器件地址发送完,等待应答
        else   iic_ack_en <= 1 'b0;
    end
    else if( iic_cstate == send_addr_state) begin
    if( send_addr_cnt == 4 'd8)   iic_ack_en <= 1 'b1;  //用户地址发送完,等待应答
    else   iic_ack_en <= 1 'b0;
    end
    else if( iic_cstate == send_data_state) begin
        if( send_data_cnt == 4 'd8) iic_ack_en <= 1 'b1; //用户数据发送完,等待应答
        else   iic_ack_en <= 1 'b0;
    end
    else   iic_ack_en <= 1 'b0;
end
```

```verilog
//------------------输出 IIC 数据------------------------------
always @ ( posedge clk or negedge rst_n ) begin
    if( !rst_n )    sda_reg <= 1 ' b1;
    else if( iic_cstate == idle && iic_nstate == send_device_state ) sda_reg <= 1 ' b0; //IIC 开始
时序
    else if( iic_cstate == send_device_state ) begin
        case( send_device_cnt )//发送器件地址,先发送高位,再发送低位
            4 ' d0 : sda_reg <= iic_device_addr[ 6 ];
            4 ' d1 : sda_reg <= iic_device_addr[ 5 ];
            4 ' d2 : sda_reg <= iic_device_addr[ 4 ];
            4 ' d3 : sda_reg <= iic_device_addr[ 3 ];
            4 ' d4 : sda_reg <= iic_device_addr[ 2 ];
            4 ' d5 : sda_reg <= iic_device_addr[ 1 ];
            4 ' d6 : sda_reg <= iic_device_addr[ 0 ];
            4 ' d7 : sda_reg <= 1 ' b0                    ; //0 代表写操作
        endcase
end
    else if( iic_cstate == send_addr_state ) begin
        case( send_addr_cnt )   //发送用户地址,先发送高位,再发送低位
            4 ' d0 : sda_reg <= iic_send_addr[ 7 ];
            4 ' d1 : sda_reg <= iic_send_addr[ 6 ];
            4 ' d2 : sda_reg <= iic_send_addr[ 5 ];
            4 ' d3 : sda_reg <= iic_send_addr[ 4 ];
            4 ' d4 : sda_reg <= iic_send_addr[ 3 ];
            4 ' d5 : sda_reg <= iic_send_addr[ 2 ];
            4 ' d6 : sda_reg <= iic_send_addr[ 1 ];
            4 ' d7 : sda_reg <= iic_send_addr[ 0 ];
        endcase
end
    else if( iic_cstate == send_data_state ) begin
        case( send_data_cnt )//发送用户数据,先发送高位,再发送低位
            4 ' d0 : sda_reg <= iic_send_data[ 7 ];
            4 ' d1 : sda_reg <= iic_send_data[ 6 ];
            4 ' d2 : sda_reg <= iic_send_data[ 5 ];
            4 ' d3 : sda_reg <= iic_send_data[ 4 ];
            4 ' d4 : sda_reg <= iic_send_data[ 3 ];
            4 ' d5 : sda_reg <= iic_send_data[ 2 ];
            4 ' d6 : sda_reg <= iic_send_data[ 1 ];
            4 ' d7 : sda_reg <= iic_send_data[ 0 ];
```

```
        endcase
    end
    else if( iic_cstate == send_end_state) sda_reg <= 1'b1;
end


//------------------输出 IIC 时钟---------------------------------
always @ ( * )begin
    scl_reg = 1'b1;
    //发送器件地址时,输出 IIC 时钟
    if( iic_cstate == send_device_state)   scl_reg = clk;
    //发送用户地址时,输出 IIC 时钟
    else if( iic_cstate == send_addr_state)begin
        if(send_addr_cnt == 4'd0)   scl_reg = 1'b1;
        else    scl_reg = clk;
    end
    //发送用户数据时,输出 IIC 时钟
    else if( iic_cstate == send_data_state)begin
        if(send_data_cnt == 4'd0)   scl_reg = 1'b1;
        else    scl_reg = clk;
    end
    else    scl_reg = 1'b1;
end

assign iic_scl =   scl_reg;
assign iic_sda = (iic_ack_en)? 1'bz : sda_reg;

endmodule
```

仿真程序如下:

```
module iic_send_tb( );
wire iic_send_scl;      //IIC 时钟
wire iic_send_sda;      //IIC 数据

reg rst_n,clk;
initial begin
    clk = 0;
    rst_n = 1;
    #30
```

```
    rst_n = 1;
end

always #4 clk = ~clk;

iic_send uut(
    . clk             ( clk            ),
    . rst             ( rst            ),
    . iic_send_en     ( 1 ' b1          ),
    . iic_device_addr ( 7 ' b101_0111 ),
    . iic_send_addr   ( 8 ' h01        ),
    . iic_send_data   ( 8 ' haa        ),
    . iic_scl         ( iic_send_scl   ),
    . iic_sda         ( iic_send_sda  ) );
```

    使用 Vivado 自带仿真器仿真 IIC 发送模块的逻辑功能,其仿真波形如图 3.49 所示。通过仿真波形可以看出,先发送器件地址 7 ' b1010111,接着发送"0"代表写操作,再发送寄存器地址 8 ' h01,最后发送寄存器数据 8 ' haa,说明 IIC 发送时序符合设计预期,验证了该模块逻辑功能的正确性。

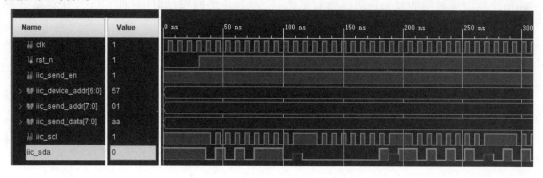

图 3.49   IIC 发送模块仿真波形

数字电路HDL设计实例

通过前几章的学习,大家对 Verilog HDL 基本语法和 HDL 基本设计方法有了一定的了解,本章通过几个较复杂数字电路设计实例,进一步掌握 HDL 设计方法和技巧,为后续学习 FPGA 打下坚实基础。

4.1　按键消抖方法

由于机械按键在闭合或断开的瞬间会伴随有一连串的抖动,因此需要对按键进行消抖,常用的比较简单易懂的方法是通过延时来消抖,本节介绍两种延时消抖的方法,并对第一种方法进行了上板验证。

4.1.1　按键消抖原理

由于机械按键的物理特性,按键被按下的过程中存在一段时间的抖动,同时在释放按键的过程中也存在抖动(图4.1),这导致在识别的时候可能检测为多次的按键按下,而通常检测到一次按键输入信号的状态为高(低)电平,就可以确认按键被按下了,所以在使用按键时往往需要消抖,以确保按键被按下一次只检测到一次高(低)电平。

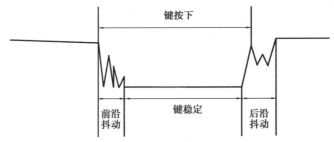

图 4.1　按键抖动

按键消抖方法有很多种,相对而言比较简单容易理解的方法是通过延时来消抖。众所周知,抖动时间的长短由按键的机械特性决定,一般为 5～10 ms(图4.2)。通过延时,在中间稳定的某一个时刻(比如20 ms)取一个真正按键的值就可以消除抖动。

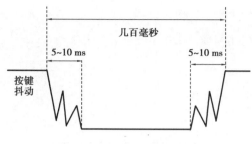

图 4.2 按键抖动时间示意图

4.1.2 按键消抖方案

基于以上原理,可以采用寄存器延时法或计数器计时法等方案来去抖。下面分别加以介绍。

(1)寄存器延时法

声明一个位宽为 3 的寄存器 btn 组成移位寄存器,移位方向为 btn[0]->btn[1]->btn[2],将按键输入值 key_in 送给 btn[0]。每隔 20 ms 执行一次移位。在每 20 ms 后,btn[0]中存储的是当前的按键电平值,btn[1]中存储的是 20 ms 之前的按键电平值,btn[2]中存储的是 40 ms 之前的按键电平值。

假设按键按下为高电平,当 btn[0]=1、btn[1]=1、btn[2]=0 时,按键肯定被按下;当 btn[0]=0、btn[1]=0、btn[2]=1 时,按键肯定被释放。简而言之,当三个寄存器中有两个以上寄存器的值是 1 时,就可以判定按键处于被按下的状态(不包括 101 状态)。具体代码如下:

```
module key_debounce_1(
input wire clk,          //125 MHz 系统时钟
input wire rst_n,        //复位
input wire key_in,       //按键输入
output wire key_out      //按键输出
);
parameter CNT_MAX_20MS = 32'd2500000;      //(1/125000000)*2500000 = 20ms
//-------------为移位寄存器产生 20ms 时钟信号------------------
reg[31:0] cnt_20ms;
always@( posedge clk or negedge rst_n)
    if( !rst_n)   cnt_20ms <= 32'd0;
    else if( cnt_20ms == CNT_MAX_20MS-1)
        cnt_20ms <= 32'd0;
    else  cnt_20ms <= cnt_20ms+1'b1;
//------------------------寄存器延时-----------------------
reg [2:0] btn;
always@( posedge clk or negedge rst_n)
```

```
if( !rst_n) btn <= 3'd0;
    else if( cnt_20ms == CNT_MAX_20MS-1) begin
        btn[0] <= key_in;
        btn[1] <= btn[0];
        btn[2] <= btn[1];
    end
//------------------判定按键输出结果------------------
assign key_out = ( btn[2] & btn[1] & ~btn[0]) | ( ~btn[2] & btn[1] & btn[0]) | ( btn[2] & btn
[1] & btn[0]);
endmodule
```

为验证程序的正确性,编写仿真文件如下:

```
module sim1;
reg clk;                //系统时钟周期设置为8ns
reg rst_n;
reg key_in;
wire key_out;
parameter cnt_max_20ms = 3;      //相当于3个clk周期(24ns)寄存器移位1次
key_debounce_1#(.CNT_MAX_20MS(cnt_max_20ms))   //传参:设置CNT_MAX_20MS = 3
  sim(
  .clk( clk ),
  .rst_n( rst_n ),
  .key_in( key_in ),
  .key_out( key_out )
);

initial begin
clk = 0;
rst_n = 0;               //复位
key_in = 0;
#10 rst_n = 1;
#15 key_in = 1;
#30 key_in = 0;          //key_in = 1 持续 30ns( 有效按键)
#10 key_in = 1;
#10 key_in = 0;          //key_in = 1 持续 10ns( 抖动)
#30 key_in = 1;
#20 key_in = 0;          //key_in = 1 持续 20ns( 抖动)
#30 key_in = 1;
#80 key_in = 0;          //key_in = 1 持续 80ns( 有效按键)
```

```
#20 key_in = 1;
#10 key_in = 0;          //key_in = 1 持续 10ns(抖动)
end
always #4 clk = ~clk;   //clk 周期为 8ns
endmodule
```

　　仿真时设 clk 周期为 8 ns,cnt_20 ms 的模值为 3,即 24 ns 移位寄存器执行一次移位,所以 key_in=1 持续时间超过 24 ns 时认定为一次有效按键,否则就是一次抖动。

　　由仿真图 4.3 可以看出:2 次 key_in=1 为有效按键,对应 2 次 key_out=1,验证了程序设计正确性。同时可以看出 2 次 key_out=1 持续时间长短取决于 key_in 有效按键的时长,这显然是不合理的,改进方法是在原程序基础上增加一个 always 块,其作用是将有效按键输出转换为尖峰脉冲。仿真结果如图 4.4 所示。

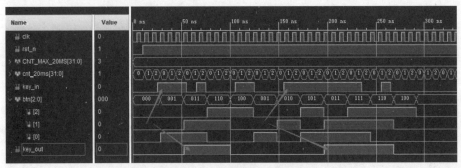

图 4.3　寄存器延时法仿真图

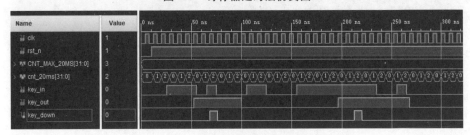

图 4.4　改进寄存器延时法仿真图

```
//------将 key_out = 1 转为尖峰脉冲---------------
reg [1:0] key_val;
reg key_down;
always@( posedge clk or negedge rst_n)
    if( !rst_n)begin
        key_val <= 2 ' d0;
        key_down <= 1 ' b0;
    end
    else begin
        key_val[0] <= key_out;
        key_val[1] <= key_val[0];
```

```
    key_down <= key_val[0] & ~key_val[1]; //检测 key_val 上升沿
end
```

(2)计数器计时法

计数器计时法本质上也是一种延时消抖的方法,先设置两个状态 state=0 和 state=1, state=0 时,检测按键状态,若按键按下,计数器开始计数,如果按键按下持续时间超过 20 ms,计数器清零,状态 state=1,按键输出 key_out=1; state 由 0 变 1 后, key_ou t=0,产生一个尖峰脉冲,同时检测按键是否松开,若松开则状态 state 由 1 跳转为 0;否则,保持 state=1 不变。若无按键按下或按下后持续时间少于 20 ms(抖动),则 key_out=0, state=0。设计程序如下:

```
module key_debouce_2(
input clk,
input rst_n,
input key_in,
output reg key_out
);
parameter CNT_MAX_20MS = 32'd250_0000;    // 8ns*2500000 = 20ms
//-----------生成 key_out 尖峰脉冲---------------
reg state;
reg [31:0] cnt_20ms;
always@(posedge clk or negedge rst_n)
    if(!rst_n) begin
        key_out <= 0;
        state <= 0;
        cnt_20ms <= 0;
    end
    else begin
        case(state)
        0:begin
          if(key_in && cnt_20ms < CNT_MAX_20MS-1)
              cnt_20ms <= cnt_20ms+1'b1;    //若按键按下,计数器开始计数
            else if(key_in && cnt_20ms == CNT_MAX_20MS-1) begin //有效按键
              cnt_20ms <= 32'd0;                        //计数器重置
              state <= 1'b1;                            //跳转到下一个状态
              key_out <= 1'b1;                          //key_out = 1
              end
            else
              cnt_20ms <= 32'd0;                        //按键按下,计数器值为 0
        end
```

```
        1:begin
            key_out <= 1'b0;        // key_out 由 1 变 0,产生尖峰脉冲
            if(!key_in)             //若按键松开,跳转到上一个检测状态
                state <= 1'b0;
          end
        endcase
    end
endmodule
```

仿真程序如下:

```
module sim2;
reg clk;
reg rst_n;
reg key_in;
wire key_out;
key_debouce_2 #( 5 ) //仿真时 cnt_20ms 模值设为 5,8ns∗5 = 40ns 等效为 20ms
  uut(
    .clk( clk ),
    .rst_n( rst_n ),
    .key_in( key_in ),
    .key_out( key_out )
  );

initial
    begin
    clk = 0;
    rst_n = 0;
    key_in = 0;
    #10 rst_n = 1;
    #10 key_in = 1;
    #20 key_in = 0;         //key_in = 1 持续 10ns<40ns( 抖动)
    #10 key_in = 1;
    #80 key_in = 0;         //key_in = 1 持续 80ns > 40ns( 有效)
    #10 key_in = 1;
    #20 key_in = 0;         //key_in = 1 持续 20ns < 40ns( 抖动)
    #20 key_in = 1;
    #30 key_in = 0;         //key_in = 1 持续 30ns<40ns( 抖动)
    #50 key_in = 1;
    #50 key_in = 0;         //key_in = 1 持续 50ns>40ns( 有效)
```

```
    #10 key_in = 1;
    #25 key_in = 0;      //key_in = 1 持续 25ns<40ns(抖动)
    end
always #4 clk = ~clk;    //clk 周期为 8ns
endmodule
```

仿真图 4.5 中 key_in 有 2 次有效按键和 4 次抖动,消抖后 key_out 正确反映了 2 次有效按键,验证了程序的正确性。

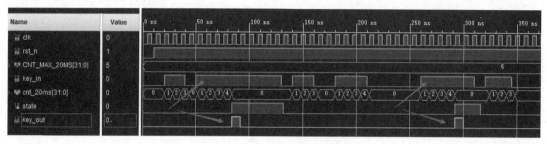

图 4.5   计数器计时法仿真图

4.1.3   上板测试

前面通过仿真验证了两种消抖方法程序的正确性,下面利用 PYNQ-Z2 开发板进一步测试按键消抖的效果。为此,在寄存器延时法原程序的基础上,增加一个 always 块,用于记录有效按键次数,即 key_down 脉冲的个数,用 4 个 LED 将结果显示出来。同时还要修改输出端口为 led,完整的程序代码如下:

```
module key_debounce(
input wire clk,           //125 MHz 系统时钟
input wire rst_n,         //复位
input wire key_in,        //按键输入
output wire [3:0] led     //修改输出
);
parameter CNT_MAX_20MS = 32'd2500000;     //(1/125000000)*2500000 = 20ms
//----------------为移位寄存器产生 20ms 时钟信号----------------
reg[31:0] cnt_20ms;
always@(posedge clk or negedge rst_n)
    if(!rst_n)   cnt_20ms <= 32'd0;
    else if(cnt_20ms == CNT_MAX_20MS-1)
        cnt_20ms <= 32'd0;
    else   cnt_20ms <= cnt_20ms+1'b1;
//------------------------寄存器延时------------------------
reg [2:0] btn;
```

```verilog
wire key_out;        //新增变量
always@ (posedge clk or negedge rst_n)
    if( !rst_n) btn <= 3 'd0;
    else if( cnt_20ms == CNT_MAX_20MS-1) begin
        btn[0] <= key_in;
        btn[1] <= btn[0];
        btn[2] <= btn[1];
    end
//--------------------判定按键输出结果--------------------
assign key_out = ( btn[2] & btn[1] & ~btn[0]) | ( ~btn[2] & btn[1] & btn[0]) | ( btn[2] & btn
[1] & btn[0]);
reg [1:0] key_val;
reg key_down;
always@ (posedge clk or negedge rst_n)
    if( !rst_n)begin
        key_val <= 2 'd0;
        key_down <= 1 'b0;
    end
    else begin
        key_val[0] <= key_out;
        key_val[1] <= key_val[0];
        key_down <= key_val[0] & ~key_val[1]; //检测 key_val 上升沿
    end
//---------------------统计有效按键次数---------------------
reg [3:0] cnt_key;
always@ (posedge clk or negedge rst_n)
    if( !rst_n) cnt_key <= 4 'd0;
    else if( key_down) cnt_key <= cnt_key + 1 'b1;
    else cnt_key <= cnt_key;
assign  led = cnt_key;  //led 显示有效按键次数
endmodule
```

约束文件如下：

```
## Clock signal 125 MHz
set_property-dict { PACKAGE_PIN H16   IOSTANDARD LVCMOS33 } [ get_ports { clk }];
##Switches
set_property-dict { PACKAGE_PIN M20   IOSTANDARD LVCMOS33 } [ get_ports { rst_n }];
##LEDs
```

```
set_property-dict ┊ PACKAGE_PIN R14   IOSTANDARD LVCMOS33 ┊ [ get_ports ┊ led[0] ┊ ];
set_property-dict ┊ PACKAGE_PIN P14   IOSTANDARD LVCMOS33 ┊ [ get_ports ┊ led[1] ┊ ];
set_property-dict ┊ PACKAGE_PIN N16   IOSTANDARD LVCMOS33 ┊ [ get_ports ┊ led[2] ┊ ];
set_property-dict ┊ PACKAGE_PIN M14   IOSTANDARD LVCMOS33 ┊ [ get_ports ┊ led[3] ┊ ];
##Buttons
set_property-dict ┊ PACKAGE_PIN D19   IOSTANDARD LVCMOS33 ┊ [ get_ports ┊ key_in ┊ ];
```

Vivado 烧录 Bitstream 到 PYNQ-Z2 开发板中,连续按 13 次 btn0,LED 显示为 1101(图 4.6),验证了寄存器延时消抖法是正确的。有关计数器计时消抖法将在 4.6 节中得到验证,读者也可以自行验证。

图 4.6   按键消抖结果

4.2   数字钟设计

数字钟是一种使用数字技术实现计时的钟表,其基本功能是显示时间、校对时间和整点报时功能。本节采用六位数码管分别显示时、分和秒,并下载到 PYNQ-Z2 板中进行验证。

4.2.1   数字钟程序设计

数字钟的设计包含分频模块、消抖模块、计时校时模块、控制模块、显示模块。

(1)分频模块

两个分频 always 块分别产生用于计时的标准秒脉冲信号 clk_1s 和用于控制模块扫描显示的 1 kHz 信号 clk_1ms。

```verilog
module freq(
input wire clk,
input wire rst_n,
```

```verilog
output reg clk_1s,
output reg clk_1ms
    );
parameter CNT_MAX = 32 'd125000000;
//----------------产生秒时钟----------------------
reg [31:0] cnt_1s; //1 秒钟计数器
always@ ( posedge clk or negedge rst_n)
    if( !rst_n) begin
        cnt_1s <= 32 'd0;
        clk_1s <= 1 'b0;
    end
    else if( cnt_1s == CNT_MAX-1) begin
        cnt_1s <= 32 'd0;
        clk_1s <= 1 'b1;
        end
    else begin
        cnt_1s <= cnt_1s + 1 'b1;
        clk_1s <= 1 'b0;
    end


//----------------产生扫描时钟----------------------------------
reg [31:0] cnt_1ms; //1kHz 计数器
always@ ( posedge clk or negedge rst_n)
    if( !rst_n) begin
        cnt_1ms <= 32 'd0;
        clk_1ms <= 1 'b0;
    end
    else if( cnt_1ms == CNT_MAX/1000-1) begin
        cnt_1ms <= 32 'd0;
        clk_1ms <= 1 'b1;
    end
    else begin
        cnt_1ms <= cnt_1ms + 1 'b1;
        clk_1ms <= 1 'b0;
    end
endmodule
```

（2）消抖模块

按键消抖的意义在于增加按键使用的准确性，防止长时间按键或者高频率按键导致脉冲信号不稳定而产生的按键计数误差。

```verilog
module key_debouce(
input clk,
input rst_n,
input key_hour,
input key_min,
input key_sec,
output reg key_out
);
localparam CNT_MAX_20MS = 32'd250_0000;    // 8ns * 2500000 = 20ms

wire key_in;
assign key_in = key_hour | key_min |key_sec;
//----------------生成 key_out 尖峰脉冲----------------
reg state_k;
reg [31:0] cnt_20ms;

always@(posedge clk or negedge rst_n)
    if(!rst_n)begin
        key_out <= 1'b0;
        state_k <= 1'b0;
        cnt_20ms <= 1'b0;
    end
    else begin
        case(state_k)
        0:begin
          if(key_in && cnt_20ms < CNT_MAX_20MS-1)
            cnt_20ms <= cnt_20ms + 1'b1;    //若按键按下,计数器开始计数
          else if(key_in && cnt_20ms == CNT_MAX_20MS-1) begin //有效按键
            cnt_20ms <= 32'd0;                    //计数器重置
            state_k <= 1'b1;                      //跳转到下一个状态
            key_out <= 1'b1;                      //key_out = 1
            end
          else
```

```
            cnt_20ms <= 32 ' d0;            //按键按下,计数器值为0
          end
       1:begin
         key_out <= 1 ' b0;                 // key_out 由 1 变 0,产生尖峰脉冲
         if( !key_in)                       //若按键松开,跳转到上一个检测状态
           state_k <= 1 ' b0;
         end
       endcase
     end
endmodule
```

(3)计时校时模块

主要实现 24 小时计时、校时和整点报时功能,该模块有两个时钟源,分别用于计时和快速校时。

```
module clock(
input clk,
input clk_1s,
input rst_n,
input key_hour,
input key_min,
input key_sec,
input key_flag,
output reg [3:0] secL,
output reg [3:0] secH,
output reg [3:0] minL,
output reg [3:0] minH,
output reg [3:0] hourL,
output reg [3:0] hourH
    );

reg [7:0] second;
reg [7:0] minute;
reg [7:0] hour;

always@ ( posedge clk or negedge rst_n)
    if( !rst_n) begin
```

```verilog
            second <= 8'd0;
            minute <= 8'd0;
            hour <= 8'd0;
        end
        else if(key_hour && key_flag) begin        //校时
            if(hour == 23)   hour <= 8'd0;
            else   hour <= hour + 1'b1;
        end
        else if(key_min && key_flag) begin         //校分
            if(minute == 59)   minute <= 8'd0;
            else   minute <= minute +1'b1;
            end
        else if(key_sec && key_flag) begin         //校秒
            if(second == 59)   second <= 8'd0;
            else   second <= second + 1'b1;
            end

        else begin                                  //计时
            if(clk_1s && second == 59) begin
                second <= 8'd0;                      //如果秒计数满59,秒归零,同时检测分
                if(clk_1s && minute == 59) begin
                    minute <= 8'd0;                  //如果分计数满59,分归零,同时检测时
                    if(clk_1s && hour == 23) hour <= 8'd0; //如果时计数满23,时归零
                    else if(clk_1s) hour <= hour + 1'b1;     //如果时不满23,每秒钟时加一
                end
                else if(clk_1s)   minute <= minute + 1'b1;   //如果分不满59,每秒钟分加一
            end
        else if(clk_1s)   second <= second + 1'b1;          //如果秒不满59,每秒钟秒加一
end
//高低位分离模块:
always@(*)
    if(!rst_n) begin
        secL = 4'd0;
        secH = 4'd0;
        minL = 4'd0;
        minH = 4'd0;
        hourL = 4'd0;
```

```
        hourH = 1 'b0;
    end
    else begin
        secH = ( second/10 )%10;        //求余后得到秒的十位
        secL = second%10;               //求余后得到秒的个位
        minH = ( minute/10 )%10;        //求余后得到分的十位
        minL = minute%10;               //求余后得到分的个位
        hourH = ( hour/10 )%10;         //求余后得到时的十位
        hourL = hour%10;                //求余后得到时的个位
end
endmodule
```

（4）控制模块

为了节约 IO 资源,六个数码管的段选信号 seg 是复用的,这意味着任意时刻六个数码管显示相同的数码(图 4.7)。为了显示不同的数码需要不同时刻点亮不同的数码管(分别选中对应的位选信号 dig),只要扫描频率足够快,利用人眼视觉暂留效应,相当于数码管同时显示不同的数码。

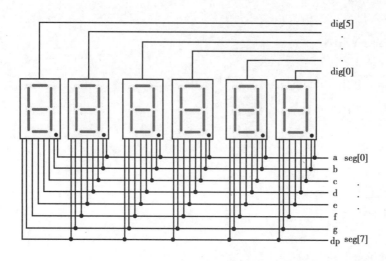

图 4.7 七段数码管

```
module seg_ctrl(
input clk_1ms,
input rst_n,
input[ 3:0] secL,
input[ 3:0] secH,
input[ 3:0] minL,
```

```
input[3:0] minH,
input[3:0] hourL,
input[3:0] hourH,
output reg [3:0] data_disp,  //显示译码器 4 位数据输入
output reg [5:0] dig,        //数码管位选信号
output reg dp                //数码管小数点
    );


reg [2:0] state;  //状态信号
always@ ( posedge clk_1ms or negedge rst_n)
    if( !rst_n)   state <= 3'd0;
    else if( state == 5)   state <= 3'd0;
    else state <= state + 1'b1;
//----------------------状态扫描----------------------
always@ ( * )    //这里采用组合电路
    if( !rst_n) begin
        dig = 6'b11_1111;
        data_disp = 4'd0;
    end
    else case( state)
        3'd0: begin
            dig = 6'b11_1110;
            data_disp = secL;
        end
        3'd1: begin
            dig = 6'b11_1101;
            data_disp = secH;
            dp = 1'b0;                 //第 5 位小数点不显示
        end
        3'd2: begin
            dig = 6'b11_1011;
            data_disp = minL;
            dp = 1'b1;                 //显示分秒之间的 2 点
        end
        3'd3: begin
            dig = 6'b11_0111;
            data_disp = minH;
```

```
        end
        3'd4:begin
            dig = 6'b10_1111;
            data_disp = hourL;
            dp = 1'b1;                    //显示时分之间的 2 点
        end
        3'd5:begin
            dig = 6'b01_1111;
            data_disp = hourH;
        end
        default:dig = 6'b11_1111;
    endcase
endmodule
```

（5）译码模块

将输入的四位二进制码译成七位高低电平输出。六个数码管为共阴接法,七段数码管（共阴）显示译码器真值如表 4.1 所示。

表 4.1　七段数码管（共阴）显示译码器真值表

输入	输出	显示数码
$Q_3 Q_2 Q_1 Q_0$	gfedcba	
0000	0111111	0
0001	0000110	1
0010	1011011	2
0011	1001111	3
0100	1100110	4
0101	1101101	5
0110	1111101	6
0111	0000111	7
1000	1111111	8
1001	1101111	9

```
module seg_decoder(
input rst_n,
input[3:0] data_disp,
output reg [6:0] seg
```

```verilog
                );

always@( * )
    if( !rst_n)   seg[6:0] = 7'h00;
    else case( data_disp)
        4'd0: seg[6:0] = 7'h3f;
        4'd1: seg[6:0] = 7'h06;
        4'd2: seg[6:0] = 7'h5b;
        4'd3: seg[6:0] = 7'h4f;
        4'd4: seg[6:0] = 7'h66;
        4'd5: seg[6:0] = 7'h6d;
        4'd6: seg[6:0] = 7'h7d;
        4'd7: seg[6:0] = 7'h07;
        4'd8: seg[6:0] = 7'h7f;
        4'd9: seg[6:0] = 7'h6f;
        default: seg[6:0] = 7'h00;
        endcase
    endmodule
```

(6)顶层模块

用于将上述五个模块连接起来构成一个整体。

```verilog
module top(
input   clk,
input   rst_n,
input   key_hour,
input   key_min,
input   key_sec,
output [6:0]seg,
output dp,
output [5:0]dig
    );

wire   clk_1s;
wire   clk_1ms;
  freq u0(
.clk ( clk ),
```

```
    .rst_n ( rst_n ),
    .clk_1s ( clk_1s ),
    .clk_1ms ( clk_1ms )
        );

wire pos_flag;
key_debouce u1(
    .clk ( clk ),
    .rst_n ( rst_n ),
    .key_hour( key_hour ),
    .key_min( key_min ),
    .key_sec( key_sec ),
    .key_out ( pos_flag )
);

    wire [3:0] secL;
    wire [3:0] secH;
    wire [3:0] minL;
    wire [3:0] minH;
    wire [3:0] hourL;
    wire [3:0] hourH;
    clock u2(
    .clk ( clk ),
      .clk_1s ( clk_1s ),
      .rst_n ( rst_n ),
      .key_hour ( key_hour ),
      .key_min ( key_min ),
      .key_sec ( key_sec ),
      .key_flag ( pos_flag ),
      . secL ( secL ),
      . secH ( secH ),
      . minL ( minL ),
      . minH ( minH ),
      . hourL ( hourL ),
      . hourH ( hourH )
          );
```

```
wire [3:0] data_disp;
. seg_ctrl u3(
.clk_1ms ( clk_1ms ),
.rst_n ( rst_n ),
. secL ( secL ),
. secH (secH ),
. minL ( minL ),
. minH ( minH ),
. hourL ( hourL ),
. hourH ( hourH ),
. data_disp ( data_disp ),
. dig ( dig ),
. dp ( dp )
    );

seg_decoder u4(
.rst_n ( rst_n ),
. data_disp ( data_disp ),
. seg ( seg )
    );
endmodule
```

4.2.2　Vivado 创建工程

(1)RTL 原理图

在 Vivado 中新建工程 p_digital_clock,Default Port 选择 pynq-z2 板卡文件,添加上述 6 个设计源文件,如图 4.8 所示。

运行 RTL ANALYSIS 完成后,点击 open Elaborated Design→Schematic 查看 RTL 原理图,如图 4.9 所示。

(2)约束文件

PYNQ-Z2 相应接口位置如图 4.10 所示。在程序下载到 PYNQ-Z2 板子之前需要先约束引脚,其中,时钟 clk 接 FPGA 125 MHz 时钟引脚 H16,rst_n 接 Switches 引脚 M20,校时、校分、校秒键分别接 BTN2、BTN1、BTN0,数码管段选信号 seg 和位选信号 dig 接在 Arduino 口,对应约束文件如下:

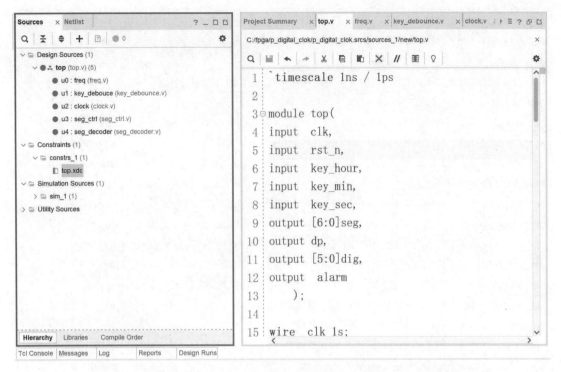

图 4.8 创建工程项目

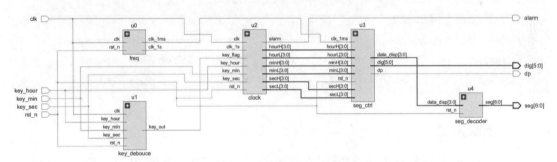

图 4.9 数字钟 RTL 原理图

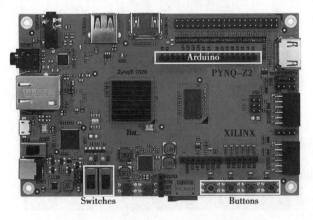

图 4.10 PYNQ-Z2 相应接口位置

```
## Clock signal 125 MHz
set_property-dict { PACKAGE_PIN H16 IOSTANDARD LVCMOS33 } [ get_ports { clk } ];
##Switches
set_property-dict { PACKAGE_PIN M20 IOSTANDARD LVCMOS33 } [ get_ports { rst_n } ];
##Buttons
set_property-dict { PACKAGE_PIN D19 IOSTANDARD LVCMOS33 } [ get_ports { key_sec } ];
set_property-dict { PACKAGE_PIN D20 IOSTANDARD LVCMOS33 } [ get_ports { key_min } ];
set_property-dict { PACKAGE_PIN L20 IOSTANDARD LVCMOS33 } [ get_ports { key_hour } ];
##Arduino Digital I/O
set_property-dict { PACKAGE_PIN U12 IOSTANDARD LVCMOS33 } [ get_ports { seg[0] } ];
set_property-dict { PACKAGE_PIN U13 IOSTANDARD LVCMOS33 } [ get_ports { seg[1] } ];
set_property-dict { PACKAGE_PIN V13 IOSTANDARD LVCMOS33 } [ get_ports { seg[2] } ];
set_property-dict { PACKAGE_PIN V15 IOSTANDARD LVCMOS33 } [ get_ports { seg[3] } ];
set_property-dict { PACKAGE_PIN T15 IOSTANDARD LVCMOS33 } [ get_ports { seg[4] } ];
set_property-dict { PACKAGE_PIN R16 IOSTANDARD LVCMOS33 } [ get_ports { seg[5] } ];
set_property-dict { PACKAGE_PIN U17 IOSTANDARD LVCMOS33 } [ get_ports { seg[6] } ];
set_property-dict { PACKAGE_PIN V17 IOSTANDARD LVCMOS33 } [ get_ports { dp } ];
set_property-dict { PACKAGE_PIN V18 IOSTANDARD LVCMOS33 } [ get_ports { dig[0] } ];
set_property-dict { PACKAGE_PIN T16 IOSTANDARD LVCMOS33 } [ get_ports { dig[1] } ];
set_property-dict { PACKAGE_PIN R17 IOSTANDARD LVCMOS33 } [ get_ports { dig[2] } ];
set_property-dict { PACKAGE_PIN P18 IOSTANDARD LVCMOS33 } [ get_ports { dig[3] } ];
set_property-dict { PACKAGE_PIN N17 IOSTANDARD LVCMOS33 } [ get_ports { dig[4] } ];
set_property-dict { PACKAGE_PIN Y13 IOSTANDARD LVCMOS33 } [ get_ports { dig[5] } ];
```

4.2.3　上板测试

鉴于教材篇幅所限,略去仿真验证,直接生成 Bitstream 并下载到 PYNQ-Z2 中进行实际演示,时钟运行结果如图 4.11 和图 4.12 所示。本次设计运用了计数器计时法进行按键消抖,校时过程中也同时验证了该方法的正确性。

图 4.11　计时状态

图 4.12　校时过程

4.3　PWM 呼吸灯设计

脉冲宽度调制(Pulse Width Modulation, PWM)是一种利用数字信号来控制模拟电路的技术,广泛应用于测量、通信、伺服调控、运动控制等领域。

4.3.1　PWM 原理及实现

PWM 波实现原理是通过改变矩形脉冲每个周期的占空比来实现脉冲宽度调制,最终形成一个由一系列占空比不同的矩形脉冲构成的波,也就是说,在一定的频率下,通过不同的占空比可得到不同的输出模拟电压(图 4.13)。

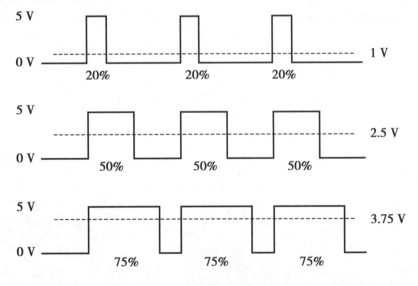

图 4.13　PWM 波形

由于视觉暂留效应,日常见到的 LED 灯,当它的频率大于 50Hz 的时候,人眼基本就看不到闪烁,而是一个常亮的 LED 灯。如果 LED 灯以 100Hz 开关频率(5 毫秒打开,5 毫秒关闭)工作,这时候灯光的亮灭速度赶不上开关速度(LED 灯还没完全亮就又熄灭了),人眼感觉不到灯在闪烁,而是感觉灯的亮度暗了,因为占空比为 50% 时的亮度也仅是占空比为 100% 时亮度的 50%,所以将生成的 PWM 波应用在 LED 亮度控制上,PWM 波的占空比越大,则 led 亮度越高,反之,则 LED 亮度越低,从而达到呼吸灯的效果。

固定 period(周期),改变 high_time(高电平时间),达到改变占空比,从而改变 LED 灯的亮度。为此,图 4.14 中设置三个计数器:cnt_1us 是微秒计数器,为后两个计数器提供基准时钟,cnt_ period 相当于周期,在 cnt_period 计数过程中,比较 cnt_period 和 cnt_duty 的大小,当 cnt_period ≥ cnt_duty 时,输出 pwm=1;反之,pwm=0。相应的 Verilog HDL 语句为:

```
assign led = (cnt_ period>= cnt_duty) ? 1'b1 : 1'b0;
```

同时,通过增加一个标志变量 flag 来改变 cnt_period 的增减方式,即 flag = 0 时,cnt_period 递增;flag = 1 时,cnt_period 递减。从而产生不断变化的占空比,实现呼吸灯效果。

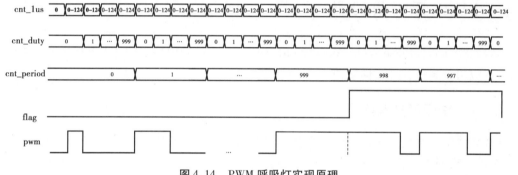

图 4.14　PWM 呼吸灯实现原理

4.3.2　PWM 呼吸灯设计

(1)Vivado 创建工程

在 Vivado 中新建工程 p_pwm_led,板卡选择 PYNQ-Z2,添加设计文件 pwm. v 如下:

```
module pwm
#( parameter   CNT_1US = 125,     //125/125M = 1us
   parameter CNT_1MS = 1000,     // 1000 * 1us = 1ms
   parameter CNT_1S = 1000        //1000 * 1000 * 1us = 1s
   )
(
input clk,
input rst_n,
output pwm
   );

reg[31:0]cnt_1us;   //计数周期为 1 微秒
```

```
always@(posedge clk or negedge rst_n)
  if(!rst_n) cnt_1us <= 32'd0;
  else if(cnt_1us == CNT_1US-1) cnt_1us <= 32'd0;
  else cnt_1us <= cnt_1us + 1'b1;


reg[31:0]cnt_duty;    //计数周期为1毫秒
always@(posedge clk or negedge rst_n)
  if(!rst_n) cnt_duty <= 32'd0;
  else if(cnt_1us == CNT_1US-1 && cnt_duty == CNT_1MS-1)  cnt_duty<=32'd0;
  else if(cnt_1us == CNT_1US-1)  cnt_duty <= cnt_duty + 1'b1;
  else cnt_duty <= cnt_duty;


reg[31:0]cnt_period;      //计数周期为1秒
reg flag;                 // cnt_period 的增减标志
always@(posedge clk or negedge rst_n)
  if(!rst_n) begin
    flag <= 0;
cnt_period <= 32'd0;
end
  else if(cnt_1us == CNT_1US-1 && cnt_duty == CNT_1MS-1) begin
//cnt_period 增加到最大值后,flag 由0变为1
  if(flag == 0&& cnt_period == CNT_1S-1)  flag <= 1;
// flag = 0 时,每毫秒 cnt_period 加1
  else if(flag == 0) cnt_period <= cnt_period + 1'b1;
  else if(flag == 1 && cnt_period == 0)  flag <= 0;
  else if(flag == 1) cnt_period <= cnt_period - 1'b1;
  end
assign pwm = (cnt_duty <= cnt_period) ? 1:0;
endmodule
```

对上述程序作以下说明：

①PYNQ-Z2 板载 FPGA 时钟频率为 125 MHz，CNT_1US＝125 对应 1 微秒，每微秒 cnt_duty 加一，CNT_1MS＝1000 对应 1 毫秒，同理，CNT_1S 对应 1 秒。

②每微秒做一次判断：flag ＝＝ 0 且 cnt_period ＝＝ CNT_1S-1 成立时，下一时刻 flag＝1，cnt_period 递减；flag ＝＝ 1 且 cnt_period ＝＝ 0 成立时，下一时刻 flag＝0，period_cnt 又开始递增；上述判断语句的顺序不能颠倒，否则会出现 cnt_period>CNT_1S 的情况。

(2)仿真验证

仿真过程中为方便观察波形,例化 pwm_led 时要设置合适的参数,这里 CNT_1US=2, CNT_1MS=4,CNT_1S=4,仿真程序如下:

```verilog
module pwm_tb( );
reg clk;
reg rst_n;
wire pwm;

pwm #(2, 4, 4)
U1(
.clk( clk ),
.rst_n( rst_n ),
. pwm( pwm )
);

initial begin
clk = 0;
rst_n = 0;
#10 rst_n = 1;
end
always #4 clk = ~clk;
endmodule
```

从图 4.15 可以清楚看到,设置好传参后,cnt_duty 和 cnt_period 的模值均为 4,在 flag=0 时,cnt_period 按步进 1 递增,同时 pwm 高电平持续时间逐渐增加;当 cnt_duty=3 且 cnt_period =3 时,flag 由 0 变 1,同时 cnt_period 按步进 1 递减,pwm 高电平持续时间逐渐减少。

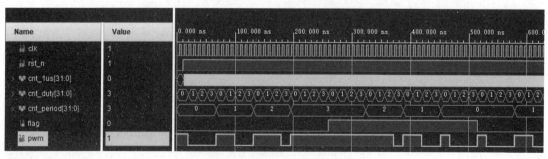

图 4.15　pwm_led 仿真结果

(3)LED 花样呼吸灯设计

添加设计文件 pwm_led.v,该文件调用 pwm.v 实现四位 LED 花样呼吸灯效果,如图 4.16 所示。相应源文件如下:

图 4.16   LED 花样呼吸灯工程

```verilog
module pwm_led(
input clk,
input rst_n,
output [3:0] led
);


parameter CNT_2S = 32'd125000000 *2;    //每2秒完成一次呼吸过程

wire pwm_out;
  pwm u1(
  .clk( clk ),
  .rst_n( rst_n ),
  . pwm( pwm_out )
);

reg [31:0] cnt_2s;
always@( posedge clk or negedge rst_n)
  if(!rst_n) cnt_2s <= 32'd0;
  else if( cnt_2s == CNT_2S-1) cnt_2s <= 32'd0;
  else cnt_2s <= cnt_2s + 1'b1;
```

```
reg [1:0] state;
always@ ( posedge clk or negedge rst_n)
  if( !rst_n) state <= 2'd0;
  else if( cnt_2s == CNT_2S-1 && state == 2'd3) state <= 2'd0;
  else if( cnt_2s == CNT_2S-1) state <= state + 1'b1;
  else state <= state;

reg [3:0] led_p;
always@ ( ∗ )
  if( !rst_n) led_p = 4'd0;
  else case( state)
  2'd0: led_p = 4'b1001;
  2'd1: led_p = 4'b0110;
  2'd2: led_p = 4'b1010;
  2'd3: led_p = 4'b0101;
  default: led_p = 4'd0;
  endcase

assign led = { 4{pwm_out} } & led_p;
endmodule
```

程序只例化一个 PWM,然后把它的输出拼接为四位 pwm_out,再与花样 LED 按位与,实现花样呼吸灯效果。

4.3.3 上板测试

添加约束文件如下:

```
## Clock signal 125 MHz
set_property-dict { PACKAGE_PIN H16 IOSTANDARD LVCMOS33 } [ get_ports { clk } ];
##Switches
set_property-dict { PACKAGE_PIN M20 IOSTANDARD LVCMOS33 } [ get_ports { rst_n } ];
##LEDs
set_property-dict { PACKAGE_PIN R14 IOSTANDARD LVCMOS33 } [ get_ports { led[0] } ];
set_property-dict { PACKAGE_PIN P14 IOSTANDARD LVCMOS33 } [ get_ports { led[1] } ];
set_property-dict { PACKAGE_PIN N16 IOSTANDARD LVCMOS33 } [ get_ports { led[2] } ];
set_property-dict { PACKAGE_PIN M14 IOSTANDARD LVCMOS33 } [ get_ports { led[3] } ];
```

生成 bitstream 后,烧录到 PYNQ-Z2 中实际演示。PWM 花样呼吸效果图如图 4.17 所示。

(a) state = 2 ' d0   (b) state = 2 ' d1

图 4.17   PWM 呼吸灯效果图

4.4   UART 接口设计

在进行 FPGA 设计时,经常会用到一些有着特定功能以及协议的数据通信接口,其中串口 UART 就是最常见的一种,它可以实现不同硬件间的通信,对于每一个做硬件和嵌入式软件的人来说,几乎就是一个必备的工具,用来调试一个带 MCU 或者 CPU 的系统。对于 FPGA 开发来说,串口也同样可以实现 FPGA 开发板与电脑 PC 端的通信。

4.4.1   UART 串口通信原理

(1) UART 基本概念

UART(Universal Asynchronous Receiver/Transmitter)是通用异步收发传输器的简称,是一种采用异步串行通信方式的收发传输器。在发送数据时,将并行数据转换成串行数据进行传输;在接收数据时,将接收到的串行数据转换成并行数据。在串行通信时,要求通信双方都采用一种标准接口,使不同的设备可以方便地连接起来进行通信。

串行通信分为同步串行通信和异步串行通信。同步串行通信即需要时钟的参与,通信双方需要在同一时钟的控制下,同步传输数据;异步串行通信则不需要时钟的干预,通信双方使用各自的时钟来控制数据的发送和接收。UART 属于异步串行通信,即没有时钟信号来同步或验证从发送器发送并由接收器接收的数据,这就要求发送器和接收器必须事先就时序参数达成一致。

UART 是异步串行通信接口的总称,它包括了 RS232、RS422、RS423、RS449 以及 RS485 等接口标准和总线规范标准。而 RS323、RS422、RS423、RS449 和 RS485 等是对应各种异步串行通信的接口标准和总线标准,它规定了通信接口的电器特性、传输速率以及接口的机械特性等内容。

(2) UART 通信结构

UART 是一种通用串行数据总线,用于异步通信。该总线双向通信,可以实现全双工传输和接收。在 UART 通信中,两个 UART 模块间直接相互通信。UART 发送模块将来自 CPU 等控制设备的并行数据转换为串行数据形式,并将其发送到 UART 接收模块,UART 接收模块将接收到的串行数据转换回并行数据。两个 UART 模块之间传输数据只需要两根线。其硬件连接如图 4.18 所示。

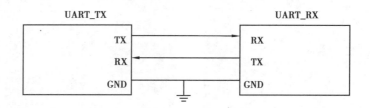

图4.18　两个 UART 模块间硬件连接图

①TX:串行数据发送端,接 UART_RX 模块的 RX。

②RX:串行数据接收端,接 UART_TX 模块的 TX。

③GND:保证两个 UART 模块共地,有统一的参考平面。

(3)UART 通信协议

在 FPGA 应用领域,UART 这个名称也用于表示一种异步串口通信协议,其工作原理是将数据一位一位地传输。UART 通信协议的数据格式如图 4.19 所示。其中每一位(bit)的含义如下:

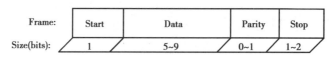

图4.19　UART 通信协议的数据格式

①起始位:先发出一个低电平的信号,表示开始传输字符。

②数据位:在起始位之后,数据位的个数可以是 5～9 不等,构成一个字符,通常采用 ASCII 码,从最低位开始传送,靠时钟定位。

③奇偶校验位:数据位加上这一位后,使"1"的位数为偶数(偶校验)或奇数(奇校验),以此来校验数据传送的正确性。

④停止位:它是一个字符数据的结束标志,可以是 1 位、1.5 位、2 位的高电平。由于数据是在传输线上定时的,并且每一个设备有自己的时钟,很可能在通信中两个设备会出现微小的不同步。因此,停止位不仅表示传输的结束,还提供计算机校正时钟同步的机会。停止位的位数越多,对时钟之间不同步的容忍程度越大,但数据传输速率也就越低。

⑤空闲位:停止位后面跟的是空闲位,处于逻辑高电平,表示当前线路上没有数据传输。

(4)波特率

波特率(也称为符号速率、码元速率和调制速率)表示每秒钟传送码元符号的个数,它是对符号传输速率的一种度量,用单位时间内载波调制状态改变的次数来表示,1 波特指每秒传输 1 个字符,即 1 波特 = 1bit/s。数据传输速率使用波特率来表示,单位为 bps(bits per second),常见的波特率有 9600、19200、38400、57600、115200 等。例如,将串口波特率设置为

115200bps,那么传输一个 bit 需要的时间是 $1/115200 \approx 8.68\mu s$。

4.4.2 UART 接口设计与仿真

根据 UART 通信协议的原理,可以将整个 UART 分为 2 个模块:串口接收模块(UART_RX)和串口发送模块(UART_TX),前者将接收到的 1 位串行数据转化为 8 位并行数据,后者又将 8 位并行数据转化为 1 位串行数据输出,最终实现串行数据的收发。UART 顶层功能框图如图 4.20 所示。

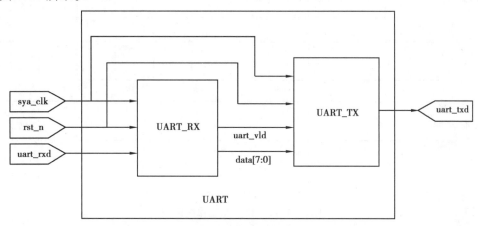

图 4.20   UART 顶层功能框图

串口数据的发送和接收是基于帧结构的,即一帧一帧地发送与接收。每一帧除了中间包含的 8bit 有效数据外,还在每一帧的开头都必须有一个起始位(0),在每一帧的结束时也必须有一个停止位(1);不包含校验位的情况下,一帧有 10bit。在不发送和接收的情况下,uart_rxd 和 uart_txd 处于空闲状态(高电平);有数据帧传输时,首先会是起始位,接着是 8bit 数据位,最后是 1bit 停止位,然后 uart_rxd 和 uart_txd 继续进入空闲状态,等待下一次数据传输。

(1)接收模块设计与仿真

接收模块通过检测起始位来表示数据传输的开始,在波特率中间时刻去采样总线上的数据,最后将数据进行串并转换。其工作时序如图 4.21 所示。

UART_RX 接收模块空闲时,接收端 uart_rxd 一直为高电平,当 uart_rxd 检测到下降沿时,将使能信号 rx_en 电平拉高,开始接收串行数据;当所有串行数据都被接收完毕时,再把 rx_en 置为低电平,接着将串行数据转为并行数据,同时发出接收完成标志 rx_done,从而完成整个接收过程。

在数据接收的过程中,需要一个波特率计数器 rx_baud_cn 在特定的波特率下对主时钟进行计数,每当该计数器计数到模值的一半时,接收 1 位稳定的数据,同时,比特计数器 rx_bit_cnt 加 1。假设主时钟为 125MHz,波特率为 115200 时,波特率计数器模值为 1250000000/115200−1=1084,即每当波特率计数器计到 1084 时就清零。

程序设计如下:

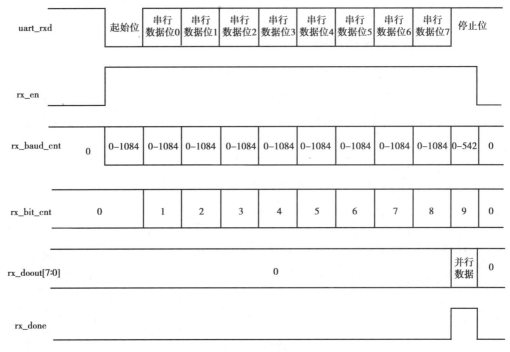

图 4.21 UART_RX 工作时序图

```verilog
module uart_rx
#(
    parameter    CLK_FREQ = 125_000_000,    //系统时钟频率
    parameter    UART_BPS = 115200          //串口波特率
)
(
    input               sys_clk,            //系统时钟
    input               rst_n,              //复位
    input               uart_rxd,           //串行数据输入
    output reg          rx_done,            //接收数据完成标志
    output reg [7:0]    rx_dout             //并行数据输出
);

localparam   BAUD_CNT = CLK_FREQ/UART_BPS;  //传输 1 位数据所需时钟个数

reg [1:0]    rx_din_reg;                    //同步、打拍寄存器
reg [15:0]   rx_baud_cnt;                   //波特率计数器
reg [3:0]    rx_bit_cnt;                    //bit 计数器
reg [7:0]    rx_dout_reg;                   //并行输出数据寄存器
wire         rx_nedge;                      //起始位下降沿检测信号
```

```verilog
reg          rx_en;          //接收使能信号
//同步、打拍(消除亚稳态)
always @ (posedge sys_clk or negedge rst_n)
    if(!rst_n) rx_din_reg <= 2'b11;
    else begin
        rx_din_reg[0] <= uart_rxd;
        rx_din_reg[1] <= rx_din_reg[0];
    end
//rx_nedge:检测起始位下降沿
assign  rx_nedge = rx_din_reg[1] & ~rx_din_reg[0];
//rx_en:接收使能信号
always @ (posedge sys_clk or negedge rst_n)
    if(!rst_n)   rx_en <= 1'b0;
    else if(rx_nedge)   rx_en <= 1'b1; //拉高接收使能
    else if(rx_bit_cnt == 4'd9 && rx_baud_cnt == BAUD_CNT/2-1)
        rx_en <= 1'b0;
    else rx_en <= rx_en;


//rx_baud_cnt:波特率计数器
always @ (posedge sys_clk or negedge rst_n)
    if(!rst_n) rx_baud_cnt <= 16'd0;
    else if(rx_en) begin
        if(rx_baud_cnt == BAUD_CNT - 1'b1) rx_baud_cnt <= 16'd0;
        else rx_baud_cnt <= rx_baud_cnt + 1'b1;
      end
    else rx_baud_cnt <= 16'd0;
//rx_bit_cnt:接收 bit 计数器
always @ (posedge sys_clk or negedge rst_n)
    if(!rst_n)   rx_bit_cnt <= 4'd0;
    else if(rx_en) begin
        if(rx_baud_cnt == BAUD_CNT - 1'b1) rx_bit_cnt <= rx_bit_cnt + 1'd1;
        else rx_bit_cnt <= rx_bit_cnt;
      end
    else rx_bit_cnt <= 4'd0;
//rx_dout_reg:输入数据进行移位
always @ (posedge sys_clk or negedge rst_n)
    if(!rst_n) rx_dout_reg <= 8'd0;
```

```verilog
    else if( rx_bit_cnt >= 4'd1 && rx_bit_cnt <= 4'd8 && rx_baud_cnt == BAUD_CNT/2-1)
        rx_dout_reg <= {rx_din_reg[1] , rx_dout_reg[7:1]};
    else if( rx_en) rx_dout_reg <= rx_dout_reg;
    else rx_dout_reg <= 8'd0;
// rx_dout:输出完整的8位有效数据
always @ ( posedge sys_clk or negedge rst_n)
    if( !rst_n) rx_dout <= 8'd0;
    else if( rx_bit_cnt == 4'd9) rx_dout <= rx_dout_reg;
    else rx_dout <= rx_dout;
// rx_done:输出完成标志位
always @ ( posedge sys_clk or negedge rst_n)
    if( !rst_n) rx_done <= 1'd0;
    else if ( rx_bit_cnt == 4'd9) rx_done <= 1'd1;
    else rx_done <= 1'd0;
endmodule
```

仿真文件如下：

```verilog
module uart_rx_tb( );
reg sys_clk;
reg rst_n;
reg uart_rxd;
wire rx_done;
wire [7:0] rx_dout;

parameter    CLK_FREQ = 125_000_000;    //系统时钟频率
parameter    UART_BPS = 115200;         //串口波特率

integer i;

uart_rx#(
    .CLK_FREQ ( CLK_FREQ ),
    .UART_BPS    ( UART_BPS )
)
uart_rx_i0(
    .sys_clk    ( sys_clk ),
    .rst_n        ( rst_n ),
```

```
    . uart_rxd ( uart_rxd ),
    . rx_done ( rx_done ),
    . rx_dout ( rx_dout )
);
//串口传输每1位数据所需要时间(ns)
localparam   BIT_TIME = CLK_FREQ/UART_BPS * 8;
localparam   rx_data = 8'b01100101;        //传输8位数据 8'b01100101
initial begin
        sys_clk = 1'b0;
        rst_n = 1'b0;
        uart_rxd = 1'b1;
        i = 0;
    #20 rst_n = 1'b1;
    #1000   uart_rxd = 1'b0;           //起始位
      for (i = 0; i < 8; i = i+1) begin
    #BIT_TIME   uart_rxd = rx_data[i];   //先传低位后传高位
    end
    #BIT_TIME    uart_rxd = 1'b1;        //停止位
    #(BIT_TIME * 10);
     $ stop;
end
always #4    sys_clk = ~sys_clk;          //125 MHz 系统时钟周期为 8 ns
endmodule
```

由图 4.22 可以看出，uart_rx 接收的串行数据依次为 0101001101，中间 8 位数据（先接收的为低位，后接收的为高位）与转换后的并行数据 rx_dout 相同，仿真结果验证了模块功能正确性。

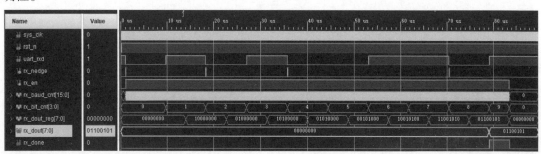

图 4.22　uart_rx 仿真波形图

（2）发射模块设计与仿真

发射模块是将 8 位并行数据转化为 1 位串行数据输出，与接收模块一样，串口发送模块也需要一个使能信号 tx_en 来控制,当 tx_en 有效时,模块才工作。根据 UART 原理,只有接收模块接收完成后,发送模块才能开始工作,故接收模块里的接收完成标志即是发送模块的发送开始标志 tx_start,所以可以通过检测发送开始标志的上升沿来使能 tx_en,从而使能发送模块。另外,要注意在计数器启动时拉高 tx_busy 信号,计数器停止时拉低 tx_busy 信号,串口发送模块的时序图如图 4.23 所示。

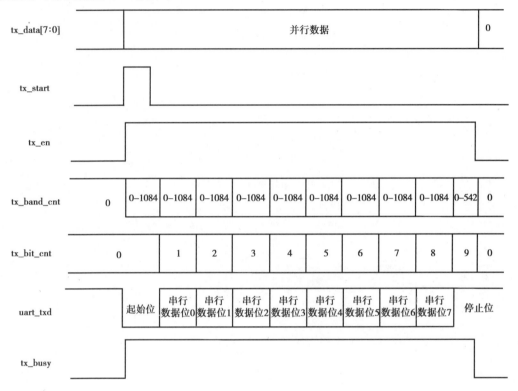

图 4.23　UART_TX 工作时序图

程序设计如下:

```verilog
module uart_tx
#(
    parameter   CLK_FREQ = 125_000_000,        //系统时钟频率
    parameter   UART_BPS = 115200              //串口波特率
)
(
    input           sys_clk,              //系统时钟
    input           rst_n,                //复位
    input   [7:0]   tx_data,              //待发送数据
    input           tx_start,             //发送开始信号
    output          tx_busy,              //发送忙碌标志信号
    output  reg     uart_txd              //UART 数据发送端口
```

```verilog
);
//当前波特率需要系统时钟计数 BPS_CNT 次
localparam   BAUD_CNT = CLK_FREQ/UART_BPS;
reg [15:0]  tx_baud_cnt;     //系统时钟计数器
reg [3:0]   tx_bit_cnt;      //发送数据位计数器
reg         tx_en;           //发送使能信号
reg [9:0]   tx_data_reg;     //接收数据寄存器
//tx_en:接收使能信号
always @( posedge sys_clk or negedge rst_n)
    if( !rst_n) tx_en <= 1'b0;
    else if(tx_start) tx_en <= 1'b1;
    else if(tx_bit_cnt == 4'd9 && tx_baud_cnt == BAUD_CNT/2 - 1'b1)
        tx_en <= 1'b0;
    else tx_en <= tx_en;
//tx_data_reg:10bit 发送数据寄存器
always @( posedge sys_clk or negedge rst_n)
    if ( !rst_n)   tx_data_reg <= 10'd0;
    else if(tx_start) tx_data_reg <= {1'b1,tx_data,1'b0}; //拼接起始位和停止位
    else tx_data_reg <= tx_data_reg;
    //tx_baud_cnt:波特率计数器
always @( posedge sys_clk or negedge rst_n)
    if( !rst_n) tx_baud_cnt <= 16'd0;
    else if(tx_en) begin
      if(tx_baud_cnt == BAUD_CNT - 1'b1) tx_baud_cnt <= 16'd0;
      else tx_baud_cnt <= tx_baud_cnt + 1'b1;
    end
    else tx_baud_cnt <= 16'd0;
//tx_bit_cnt:发送数据位计数器
always @( posedge sys_clk or negedge rst_n)
    if( !rst_n) tx_bit_cnt <= 4'd0;
    else if(tx_en == 1'b1) begin
        if(tx_baud_cnt == BAUD_CNT - 1'b1) tx_bit_cnt <= tx_bit_cnt + 1'b1;
        else tx_bit_cnt <= tx_bit_cnt;
    end
    else tx_bit_cnt <= 4'd0;
//uart_txd:根据发送数据计数器来给 uart 发送端口赋值
```

```
always @ ( posedge sys_clk or negedge rst_n)
    if( !rst_n) uart_txd <= 1 ' b1;
    else if( tx_en == 1 ' b1)   uart_txd <= tx_data_reg[ tx_bit_cnt];
    else uart_txd <= 1 ' b1;
// uart_tx_busy:串口发送忙碌状态
assign   tx_busy = tx_en;
endmodule
```

仿真文件如下:

```
module uart_tx_tb ( );
reg          sys_clk;
reg          rst_n;
reg [7:0]    tx_data;
reg          tx_start;
wire         tx_busy;
wire         uart_txd;

parameter        CLK_FRE  = 125_000_000;   // 系统时钟频率
parameter        UART_BPS = 115200;         // 串口波特率

localparam       BIT_TIME = 1_000_000_000/UART_BPS;// 发送 1bit 数据所需时间 ns
uart_tx #(.CLK_FRE( CLK_FRE ),
        .UART_BPS( UART_BPS )
          )
uart_tx_i0(
    .sys_clk         ( sys_clk ),
    .rst_n           ( rst_n ),
    . tx_data        ( tx_data ),
    . tx_start       ( tx_start ),
    . tx_busy        ( tx_busy ),
    . uart_txd       ( uart_txd )
);

initial begin
    sys_clk = 1;
    rst_n = 0;
    tx_start = 0;
```

```
tx_data = 8 'd0;
    #500; rst_n = 1;
    #10 @ ( posedge sys_clk );
        tx_start <= 1 'b1;
        tx_data <= ( { $ random} % 256);   //发送 8 位随机数据
    #20 tx_start <= 1 'b0;
    #( BIT_TIME * 10 )                     //发送 1 个 BYTE 需要 10 个 bit
    #5000  $ finish;                       //结束仿真
end
always #4   sys_clk = ~ sys_clk;
endmodule
```

由图 4.24 可以看出，uart_tx 模块将仿真文件随机生成的 8 位并行数据 00100100 加上起始位(0)和停止位(1)后，在特定波特率控制下依次发送出去，验证了模块功能的正确性。

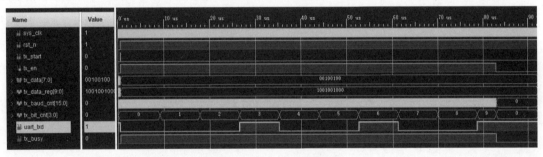

图 4.24　uart_tx 仿真波形

4.4.3　UART 回环测试程序设计

通过电脑端的串口调试助手向 FPGA 发送数据，FPGA 通过串口接收数据并将接收到的数据发送给上位机，实现串口回环功能，如图 4.25 所示。

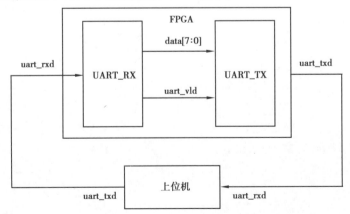

图 4.25　UART 回环测试框图

（1）顶层模块设计

从设计要求可知,整个设计包含两个模块:发送模块和接收模块。由于 UART 通信没有时钟,因此只能规定多少时间发送一位二进制数来保证数据收发不会出错。PYNQ-Z2 的时钟为 125 MHz,因此发送一位二进制数需要 $125×10^{16}$/bps 个时钟,例如,bps = 115200bit/s 时,发送一位数据需要 $125×10^{16}$/115200 ≈ 1085 个时钟,即计数到 1085 就发送一位二进制数。UART 回环测试顶层模块设计的 RTL 原理图如图 4.26 所示。

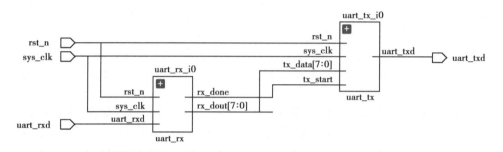

图 4.26　UART 回环测试顶层 RTL 原理图

UART 回环测试顶层模块源程序如下:

```
module uart_top(
    input           sys_clk,
    input           rst_n,
    input           uart_rxd,
    output          uart_txd
);

    parameter   CLK_FREQ    =   125_000_000 ;   //时钟频率
    parameter   UART_BPS    =   115200;         //串口波特率

    wire [7:0]  uart_data;
    wire        uart_tx_busy;
    wire        uart_vld;

    uart_rx#(
    .CLK_FREQ   ( CLK_FREQ ),                    //系统时钟频率
    .UART_BPS   ( UART_BPS )                     //串口波特率
)
uart_rx_i0(
    .sys_clk    ( sys_clk ),
    .rst_n      ( rst_n ),
```

```
. uart_rxd    ( uart_rxd ),
   . rx_done    ( uart_vld ),
   . rx_dout    ( uart_data )
);


   uart_tx
   #(   .CLK_FREQ( CLK_FREQ ),        //系统时钟频率
        .UART_BPS( UART_BPS )         //串口波特率
   )
   uart_tx_i0(
       .sys_clk    ( sys_clk ),
       .rst_n      ( rst_n ),
       . tx_data   ( uart_data ),     //待发送数据
       . tx_start  ( uart_vld ),      //发送使能信号
       . tx_busy   ( uart_tx_busy ),  //发送忙碌标志信号
       . uart_txd  ( uart_txd )       //UART 数据发送端口
);
endmodule
```

（2）回环测试仿真

仿真文件如下：

```
module uart_top_tb( );
reg        sys_clk;
reg        rst_n;
reg        uart_rxd;
wire       uart_txd;


parameter    CLK_FREQ = 125_000_000;  //系统时钟频率
parameter    UART_BPS = 115200;       //串口波特率


integer   i;


uart_top#(
   .CLK_FREQ    ( CLK_FREQ ),
   .UART_BPS    ( UART_BPS )
)
```

```
uart_top_i0(
    .sys_clk          ( sys_clk ),
    .rst_n            ( rst_n ),
    . uart_rxd        ( uart_rxd ),     //接收
    . uart_txd        ( uart_txd )      //发送
);

localparam    BIT_TIME = CLK_FREQ/UART_BPS * 8;    //发送 1bit 数据所需时间( ns )
localparam   rx_data = 8'b01100101;   //传输 8 位数据   8'b01100101
initial begin
    sys_clk = 1'b0;
    rst_n = 1'b0;
    uart_rxd = 1'b1;
    i = 0;
    #20 rst_n = 1'b1;
    #( BIT_TIME/2 )  uart_rxd = 1'b0;    //起始位
    for ( i = 0; i < 8; i = i+1) begin
    #BIT_TIME   uart_rxd = rx_data[ i ];    //先传低位后传高位
    end
    #BIT_TIME   uart_rxd = 1'b1;    //停止位
    #( BIT_TIME * 10 );
    $ stop;
end
always #4   sys_clk = ~sys_clk;  //125M 系统时钟周期为 8ns
endmodule
```

由仿真图 4.27 可以看出,接收模块接收的串行数据 uart_rxd、并行数据 rx_dout 和 tx_data,以及发送模块发送出去的串行数据 uart_txd 是一致的,验证了收发模块的正确性。

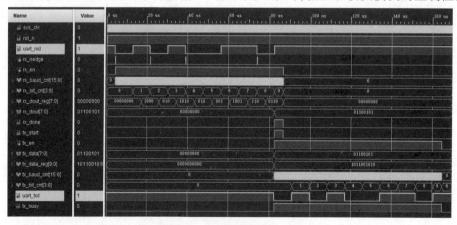

图 4.27　UART 回环测试仿真图

4.4.4 回环测试上板验证

（1）Vidado 创建工程

启动 Vivado 后，新建工程 p_uart_loop，添加 3 个设计文件，分别为 uart_top. v、uart_rx. v 和 uart_tx. v，如图 4.28 所示。

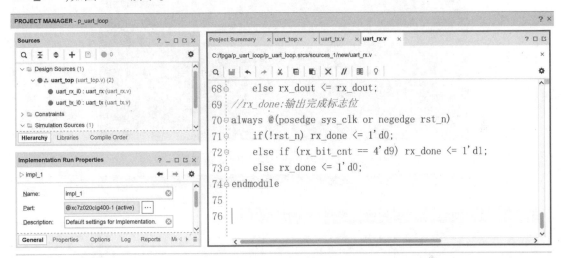

图 4.28 建立 Vivado 工程

（2）引脚约束

由于 PYNQ-Z2 的 UART 是直接挂载在 PS 端的，无法直接通过 USB 口进行串口读写操作，这里采用以 FT232 芯片为核心的 USB-UART 模块与开发板进行通信，它的引脚与 PYNQ-Z2 的 PMODA 对应相连（图 4.29），加上 sys_clk 和 rst_n 引脚共 4 个引脚需要进行约束，在 Vivado 设计界面中的 constrains 文件夹下添加引脚约束文件 uart_top. xdc，内容如下：

```
## Clock signal 125 MHz
set_property-dict ┊ PACKAGE_PIN H16 IOSTANDARD LVCMOS33 ┊ [get_ports ┊ sys_clk ┊];
##Switches
set_property-dict ┊ PACKAGE_PIN M20 IOSTANDARD LVCMOS33 ┊ [get_ports ┊ rst_n ┊];
##PmodA
set_property-dict ┊ PACKAGE_PIN Y16 IOSTANDARD LVCMOS33 ┊ [get_ports ┊ uart_txd ┊];
set_property-dict ┊ PACKAGE_PIN Y17 IOSTANDARD LVCMOS33 ┊ [get_ports ┊ uart_rxd ┊];
```

（3）上板验证

生成 BitStream 后烧录到 PYNQ-Z2 中，打开串口助手，通过 USB 转 UART 工具进行发送和接收验证。串口助手发送和接收的数据相同，如图 4.30 所示。验证了回环测试功能正确性。

图 4.29　USB 转 UART 与 PMODA 连接图

图 4.30　串口助手发送/接收

Zynq SoC设计实例

本章介绍了 Zynq GPIO 和 AXI GPIO 相关知识,通过设计实例熟悉 MIO/EMIO 和 AXI GPIO 的使用方法,以及中断资源的使用等相关基础知识,同时掌握 Xilinx Vitis 软件调试方法。

5.1 Zynq GPIO 介绍

在 Zynq 中存在两种 GPIO(General Porpose Intput Output),一种是 Zynq 自带的外设(MIO/EMIO),存在于 PS 中;另一种是 PL 中加入的 AXI GPIO IP 核。Zynq PS 中的外设可以通过 MIO(Multiuse I/O,多用输入/输出)与 PS 端的引脚连接,也可以通过 EMIO(Extended MIO)连接到 PL 端的引脚上。但当使用的引脚很多时,PS 程序中控制引脚方向、中断等将变得烦琐,这时使用 PS 的 GP 接口通过 AXI Interconnect 连接 AXI GPIO IP 核,就可以在 PS 部分通过更简单的程序方便地控制众多 PL 引脚,实现 GPIO 功能。

5.1.1 MIO 和 EMIO

在 UG585 文档 GPIO 一章中可以看到 GPIO 有 4 个 BANK,如图 5.1 所示。其中,BANK0 控制 32 个信号,BANK1 控制 22 个信号,MIO 总共是 54 个引脚,包括诸如 SPI、I2C、USB、SD 等 PS 端外设接口;BANK2 和 BANK3 属于 EMIO,各控制 32 个 PL 端引脚,而每一组都有三类信号,即输入 EMIOGPIOI、输出 EMIOGPIOO、输出使能 EMIOGPIOTN(类似于三态门),共 192 个信号。

MIO 信号对 PL 部分是透明的,不可见的,所以对 MIO 的操作可以看作纯 PS 的操作,相应 GPIO 的控制和状态寄存器基地址为 0xE000_A000。SDK/Vitis 中软件操作底层都是对内存地址空间的操作。MIO 具有如下特点:

①其他功能使用剩余之后的 MIO 可以作为 GPIO,能用在 GPIO、SPI、UART、TIMER、Ethernet、USB 等功能上,每个引脚都同时具有多种功能,故叫多功能。

②FIXIO 有固定对应的引脚,不需要用户约束引脚。

③共有 32+22=54 个引脚,对应编号为 0-53。

④实现仅仅依靠 PS 部分,无需硬件配置,直接使用 SDK/Vitis 软件进行编程。

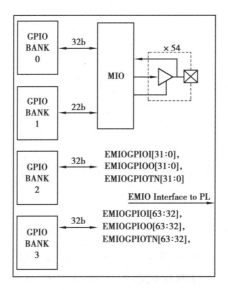

图 5.1　GPIO BANK 示意图

EMIO 对应 BANK2 和 BANK3,依然属于 PS,只是连接到 PL 上,再从 PL 输出信号。通过 PL 扩展,使用时需要分配引脚,会消耗 PL 引脚资源。当 MIO 不够用时,PS 可以通过驱动 EMIO 控制 PL 部分的引脚。EMIO 具有如下特点:

①这些 IO 是不被复用的,可以接到 FPGA 的引脚,也可以连接外部的 FPGA 逻辑,扩展非常灵活。

②共有 32+32＝64 个引脚,对应编号为 54－117。

③涉及 EMIO 时,需要生成 PL 部分的 bit 文件,烧写到 FPGA 中。

④实现依靠 PS 和 PL 系统共同完成。

5.1.2　AXI GPIO

AXI GPIO 为 AXI 接口提供了一个通用的输入/输出接口。与 PS 端的 GPIO 不同,AXI GPIO 是一个软核(Soft IP),即 Zynq 芯片在出厂时并不存在这样的硬件电路,而是由用户通过配置 PL 端的逻辑资源来实现的一个功能模块。而 PS 端的 GPIO 是一个硬核(Hard IP),是一个生产时在硅片中实现的功能电路。

无论 PS 通过 EMIO 还是 AXI GPIO 来实现 GPIO 功能,在本质上没有区别,都能输入/输出以及产生中断。但在多引脚情况下,AXI GPIO 在程序的复杂度方面有一定优势。AXI GPIO 是基于 AXI-lite 总线的一种通用输入/输出 IP 核,可配置为一个或两个通道,每个通道 32 位,每一位可以通过 SDK/Vitis 动态配置成输入或输出,支持中断请求,配合中断控制器 IP 可以实现外部中断触发。AXI GPIO 的结构如图 5.2 所示。

由图 5.2 可知,AXI GPIO 控制器有 AXI Interface Module（ AXI 接口模块）、Interrupt Module（ 中断模块）、GPIO Core 三大部分组成,而 AXI GPIO 控制器中断模块只针对输入信号产生中断。

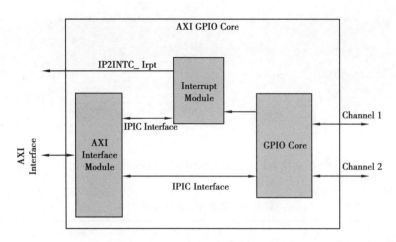

图 5.2　AXI GPIO 结构图

①AXI Interface Module：使用 AXI Lite 接口和 Zynq PS 端的 GP Master 接口互联，PS 用 GP 接口可以读写 AXI GPIO 控制器内部的寄存器，从而控制 AXI GPIO 控制器输入/输出。

②Interrupt Module：检测外部两个通道的输入信号，当检测到外部两个通道任何一个通道的输出发送上升沿或下降沿时，都会由 IP2INTC_Irpt 端口生成一个中断给 PS。

③GPIO Core：为 IPIC 接口和 AXI GPIO 输入/输出通道提供了一个转换接口，GPIO Core 由读写寄存器和多路复用器组成，还包括生成一个中断事件所必需的逻辑。

5.1.3　常用 API 函数

应用程序接口（Application Programming Interface，API）是一些预先定义的接口（如函数、HTTP 接口），或指软件系统不同组成部分衔接的约定。用来提供应用程序与开发人员基于某些某软件或硬件得以访问一组例程的能力，而无需访问源码，或理解内部工作机制的细节。应用程序接口通常是软件开发工具包（SDK/Vitis）的一部分。

（1）常用 XGpioPs 函数

这些函数用法可以在 SDK/Vitis 的 xgpiops.h 中查找，见表 5.1—表 5.10。

1）XGpioPs_Config ∗ XGpioPs_LookupConfig（u16 DeviceId）

表 5.1　常用 XGpioPs 函数 1

名称	代码	解释
函数名	XGpioPs_Config ∗ XGpioPs_LookupConfig	根据器件 ID 查找配置信息
参数	u16 DeviceId	被查询设备的唯一设备 ID
返回值		返回一个指向设备配置表的指针，若匹配失败，则返回 NULL

功能：根据唯一的设备 ID 查找设备配置。

```
Static XGpioPs_Config * ConfigPtr;
ConfigPtr = XGpioPs_LookupConfig( XPAR_XGPIOPS_0_DEVICE_ID );
   if ( ConfigPtr == NULL ) {
      return XST_FAILURE;
   }
```

2) XGpioPs_CfgInitialize(XGpioPs * InstancePtr, XGpioPs_Config * ConfigPtr, u32 EffectiveAddr)

表 5.2   常用 XGpioPs 函数 2

名称	代码	解释
函数名	XGpioPs_CfgInitialize	初始化 GPIO
参数 1	XGpioPs * InstancePtr	XGpioPs 结构体指针
参数 2	XGpioPs_Config * ConfigPtr	指向 XGpioPs_Config 设备指针
参数 3	u32 EffectiveAddr	指向设备基地址

功能:设置一些初始默认值(如 IO 的最大值和 bank 数、默认关闭中断等)。

```
Static XGpioPs Gpio;
static XGpioPs_Config * ConfigPtr;
XGpioPs_CfgInitialize( &Gpio, ConfigPtr, ConfigPtr->BaseAddr );
```

3) void XGpioPs_SetDirection(XGpioPs * InstancePtr, u8 Bank, u32 Direction)

表 5.3   常用 XGpioPs 函数 3

名称	代码	解释
函数名	XGpioPs_SetDirection	设定 BANK 方向函数
参数 1	XGpioPs * InstancePtr	指向 GPIO 结构体的指针
参数 2	u8 Bank	BANK 号
参数 3	u32 Direction	指定 BANK 的方向:0-input;1-output
返回值	void	不返回任何值

功能:设置 BANK 中某些位的方向(0-输入;1-输出)。

```
#define GPIO_BANK    XGPIOPS_BANK2
XGpioPs Gpio;
XGpioPs_SetDirection( &Gpio, GPIO_BANK, 0x0f );
```

4）void XGpioPs_SetDirectionPin（XGpioPs ＊InstancePtr，u32 Pin，u32 Direction）

表 5.4　常用 XGpioPs 函数 4

名称	代码	解释
函数名	XGpioPs_SetDirectionPin	设定 PIN 方向函数
参数 1	XGpioPs ＊InstancePtr	指向 GPIO 结构体的指针
参数 2	u32 Pin	PIN 号
参数 3	u32 Direction	指定引脚的方向:0-input;1-output
返回值	void	不返回任何值

功能:设置单个 PIN 的方向(0-input;1-output)。

```
#define EMIO_BTN   54
XGpioPs Gpio;
XGpioPs_SetDirectionPin( &Gpio, EMIO_BTN, 0);
```

5）void XGpioPs_ SetOutputEnable（XGpioPs ＊InstancePtr,u8 Bank, u32 OpEnable）

表 5.5　常用 XGpioPs 函数 5

名称	代码	解释
函数名	XGpioPs_SetOutputEnable	BANK 使能输出函数
参数 1	XGpioPs ＊InstancePtr	指向 GPIO 结构体的指针
参数 2	u8 Bank	BANK 号
参数 3	u32 OpEnable	使能输出:0-disenable;1-enable
返回值	void	不返回任何值

功能:使能 BANK 中的输出位。

```
#define GPIO_BANK XGPIOPS_BANK2
XGpioPs   Gpio;
XGpioPs_SetOutputEnable( &Gpio, GPIO_BANK, 0x0f);
```

6）void XGpioPs_SetOutputEnablePin（XGpioPs ＊InstancePtr,u32 Pin,u32 OpEnable）

表 5.6　常用 XGpioPs 函数 6

名称	代码	解释
函数名	XGpioPs_SetOutputEnablePin	使能 PIN 输出函数
参数 1	XGpioPs ＊InstancePtr	指向 GPIO 结构体的指针
参数 2	U32 Pin	PIN 号

续表

名称	代码	解释
参数 3	u32 OpEnable	使能输出:0-disenable;1-enable
返回值	void	不返回任何值

功能:使能输出 PIN。

```
#define EMIO_ LED   55
XGpioPs Gpio;
XGpioPs_SetOutputEnablePin( &Gpio, EMIO_LED, 1);
```

7) u32 XGpioPs_Read(XGpioPs ∗ InstancePtr, u8 Bank)

表 5.7　常用 XGpioPs 函数 7

名称	代码	解释
函数名	XGpioPs_Read	读取 GPIO 的 BANK 值
参数 1	XGpioPs ∗ InstancePtr	XGpioPs 结构体指针
参数 2	u8 Bank	BANK 号 0-3
返回值	u32	最多 32 位的实际值

功能:用于读取所有 GPIO 引脚的状态。

```
XGpioPs Gpio;
u8   btn_value;
btn_value = XGpioPs_Read( &Gpio, GPIO_BANK);
```

8) u32 XGpioPs_ReadPin(XGpioPs ∗ InstancePtr, u32 Pin)

表 5.8　常用 XGpioPs 函数 8

名称	代码	解释
函数名	XGpioPs_ReadPin	读取 GPIO 的 PIN 值
参数 1	XGpioPs ∗ InstancePtr	指向 XGpioPs 结构体的指针
参数 2	u32 Pin	Pin 号
返回值	u32	最多 32 位的实际值

功能:用于读取指定 PIN 的状态。

```
#define EMIO_BTN   54
XGpioPs Gpio;
u8 btn_value;
```

```
btn_value = XGpioPs_ReadPin( &Gpio, EMIO_BTN) ;
```

9) void XGpioPs_Write(XGpioPs ∗ InstancePtr,u8 Bank, u32 Data)

表 5.9　常用 XGpioPs 函数 9

名称	代码	解释
函数名	XGpioPs_Write	写 GPIO 的 BANK 值
参数 1	XGpioPs ∗ InstancePtr	指向 GPIO 结构体的指针
参数 2	u8 Bank	BANK 号
参数 3	u32 Data	要写入数据寄存器的值:0-低电平;1-高电平
返回值	void	不返回任何值

功能:用于写入所有的 GPIO 引脚。

```
#define GPIO_BANK    XGPIOPS_BANK2
XGpioPs Gpio;
XGpioPs_Write( &Gpio, GPIO_BANK, 0x02) ;
```

10) void XGpioPs_WritePin(XGpioPs ∗ InstancePtr,u32 Pin,u32 Data)

表 5.10　常用 XGpioPs 函数 10

名称	代码	解释
函数名	XGpioPs_WritePin	GPIO 的写 PIN 值函数
参数 1	XGpioPs ∗ InstancePtr	指向 GPIO 结构体的指针
参数 2	u32 Pin	PIN 号
参数 3	u32 Data	要写入指定引脚的值:0—低电平;1—高电平
返回值	void	不返回任何值

功能:对指定 Pin 进行写入。

```
XGpioPs Gpio;
int EMIO_PIN = 54;
XGpioPs_WritePin( &Gpio, EMIO_PIN, ;1) ;
```

(2)常用 XGpio 函数

常用 XGpio 函数见表 5.11—表 5.16 所示。

1) int XGpio_Initialize(XGpio * InstancePtr, u16 DeviceId)

表 5.11　常用 Xgpio 函数 1

名称	代码	解释
函数名	XGpio_Initialize	初始化 GPIO
参数 1	XGpio * InstancePtr	指向 GPIO 实例的指针
参数 2	u16 DeviceId	ID 号,自动生成,在 xparameters.h 文件中定义
返回值	int	XST_SUCCESS/XST_FAILURE

功能:初始化 GPIO 。

```
XGpio Gpio;
XGpio_Initialize( &Gpio, XPAR_AXI_GPIO_0_DEVICE_ID);
```

2) void XGpio_SetDataDirection (XGpio * InstancePtr, unsigned Channel, u32 Direction-Mask)

表 5.12　常用 Xgpio 函数 2

名称	代码	解释
函数名	XGpio_SetDataDirection	设置 GPIO 为输入/输出
参数 1	XGpio * InstancePtr	指向 GPIO 实例的指针
参数 2	unsigned Channel	待设置 GPIO 的通道(1 或 2)
参数 3	u32 DirectionMask	方向设置:0-output;1-input
返回值	void	不返回任何值

设置 GPIO 的通道方向(0-output; 1-input)。

```
XGpio LedGpio;
XGpio_SetDataDirection( &LedGpio, 1, 0x00000000);
```

3) u32 XGpio_DiscreteRead(XGpio * InstancePtr, unsigned Channel)

表 5.13　常用 Xgpio 函数 3

名称	代码	解释
函数名	XGpio_DiscreteRead	读取 GPIO 的值
参数 1	XGpio * InstancePtr	指向 GPIO 实例的指针
参数 2	unsigned Channel	通道号,同上一函数
返回值	u32	最多 32 位的实际值

功能:读取 GPIO 通道数据。

```
XGpio BtnGpio;
int btn_val;
btn_val=XGpio_DiscreteRead(&BtnGpio, 1);
```

4) void XGpio_DiscreteWrite(XGpio * InstancePtr, unsigned Channel, u32 Mask)

表 5.14　常用 Xgpio 函数 4

名称	代码	解释
函数名	XGpio_DiscreteWrite	写 GPIO
参数 1	XGpio * InstancePtr	指向 GPIO 实例的指针
参数 2	Unsigned Channel	通道号,同上一函数
参数 3	u32 Mask	需要写的值
返回值	void	不返回任何值

功能:向 GPIO 通道写入数据。

```
XGpio LedGpio;
int led_val = 0x02;
XGpio_DiscreteWrite(&LedGpio, 1, led_val);
```

5) void XGpio_DiscreteSet(XGpio * InstancePtr, unsigned Channel, u32 Mask)

表 5.15　常用 XGpio 函数 5

名称	代码	解释
函数名	XGpio_DiscreteSet	置位某些 GPIO 的位
参数 1	XGpio * InstancePtr	指向 GPIO 实例的指针
参数 2	Unsigned Channel	通道号,同上一函数
参数 3	u32 Mask	需要给哪些位写 1
返回值	void	不返回任何值

功能:给 GPIO 的某些位写 1。

```
XGpio Gpio;
int led_value = 0x02;
XGpio_DiscreteSet(&Gpio, 1, led_value );
```

6）void XGpio_DiscreteClear（XGpio ＊ InstancePtr，unsigned Channel，u32 Mask）

表 5.16   常用 XGpio 函数 6

名称	代码	解释
函数名	XGpio_DiscreteClear	清零某些 GPIO 的位
参数 1	XGpio ＊ InstancePtr	指向 GPIO 实例的指针
参数 2	Unsigned Channel	通道号,同上一函数
参数 3	u32 Data	需要给哪些位写 0
返回值	void	不返回任何值

功能：给 GPIO 的某些位写 0。

```
XGpio Gpio;
int led_value = 0x02;
XGpio_DiscreteClear( &Gpio, 1, led_value );
```

5.1.4   Zynq SoC 开发流程

Zynq SoC 的开发流程与前面章节讲的 FPGA 逻辑开发有所不同,图 5.3 给出了进行 Zynq SoC 的开发流程框图。

从图 5.3 中可以总结出 Zynq SoC 开发的几个关键步骤：

(1)项目任务需求实现功能划分

在进行 Zynq SoC 项目开发时,通常先分析项目需求,将设计任务合理划分为硬件设计(Vivado:FPGA 逻辑设计)和软件设计(SDK:ARM 嵌入式软件设计)。一般来说,FPGA 逻辑执行速度快,延迟小,实现固定算法、高速接口处理等功能,软件则实现执行速度慢,复杂控制部分等功能。

(2)硬件平台设计

利用 Vivado 开发环境在 IP Integrator 集成环境内实现 PS 配置,如 DDR3、时钟、MIO、PL 和 PS 时钟、中断等;完成各个 IP 模块信号连接;验证各个 IP 连接正确性;生成整个硬件平台的顶层 HDL 文件。

然后,对工程添加引脚约束(不使用 FPGA 外设引脚时,可不添加),经过综合、实现,生成硬件 bit 流文件。最后,将硬件配置信息导入到 SDK 完成硬件平台搭建。

(3)SDK 软件设计

硬件配置信息导入到 SDK 后,就可以创建板级支持包(.bsp),建立应用工程,进行软件开发与调试,最终生成.elf 文件。

(4)配置文件下载

生成.elf 文件后,可以将 BIT 文件和该文件一起产生可执行文件,并下载到配置存储器

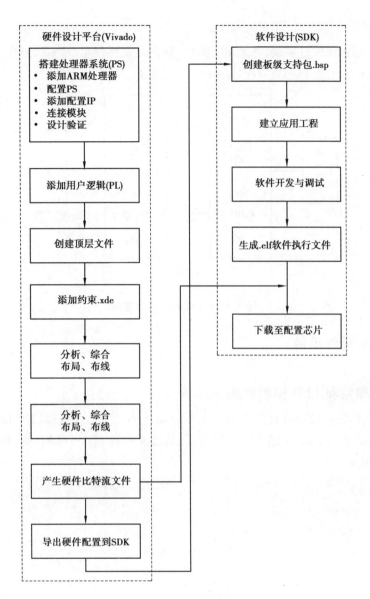

图5.3 Zynq SoC 开发流程

中,完成配置文件存储。待电路板上电时,按照对应的启动模式加载配置文件,实现硬件和软件启动。

需要说明的是,上述开发流程中软件开发环境 SDK 与 Vitis 略有区别。Vitis 是 SDK 的继任者,从 Vivado 2019.2 开始,软件开发环境由 SDK 变更为 Vitis。之前 SDK 是 Vivado 的附属品,而 Vitis 和 Vivado 地位相同,一个负责软件开发,一个负责硬件设计。

5.2 Zynq UART 串口通信

设计内容:Zynq 的 UART 控制器是直接挂载在 PS 端的,串口助手发送的数字通过 PS 的 UART 接收后,再将数据发送给 PL,经处理后控制 LED 显示相应数字的二进制码,如图5.4

所示。

达成目标:通过该设计实例,熟悉 PL 和 PS 联合开发不仅是 Vivado 创建 Block Design 和 Vitis 应用程序设计,还可以包含 Verilog HDL 设计内容。

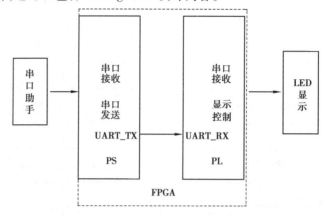

图 5.4   UART 串口通信框图

5.2.1   Vivado 硬件平台

(1) 接收模块和 LED 控制模块

UART 接收模块的设计可直接借用 4.4 节的 uart_rx 代码,这里仅给出 LED 控制模块代码,其功能是接收来自 uart_rx 输出的 8 位数据,其低 4 位控制 4 个 LED 灯,按下 btn 时,8 位数据高 4 位与低 4 位交换。

```verilog
module led_ctrl (
    input           sys_clk,
    input           rst_n,
    input           btn,        //交换 PIN 高 4 位和低 4 位
    input[7 : 0] rx_data,       //接收来自 uart_rx 8 位输出数据
    input           rx_data_rdy,//准备接收信号
    output [7 : 0] led_o        //LED 输出
);
    reg             rx_data_rdy_reg;
    reg  [7 : 0]    char_data;
    reg  [7 : 0]    led_pipeline_reg;

    always @ (posedge sys_clk or negedge rst_n )
    if ( !rst_n)begin
        rx_data_rdy_reg <= 1 ' b0;
        char_data <= 8 ' d0;
    end
```

```
else begin
    rx_data_rdy_reg <= rx_data_rdy;   //检测 rx_data_rdy 上升沿
    if ( rx_data_rdy && ! rx_data_rdy_reg )   char_data <= rx_data;
    else if ( btn )
        led_pipeline_reg <= { char_data[3:0], char_data[7:4] };
    else led_pipeline_reg <= char_data;
end
    assign      led_o = led_pipeline_reg;
endmodule
```

（2）Zynq UART 配置

创建 Block Design,命名为 system,添加 ZYNQ7 Processing System,点击 Run Block Automa-tion,如图 5.5 所示。

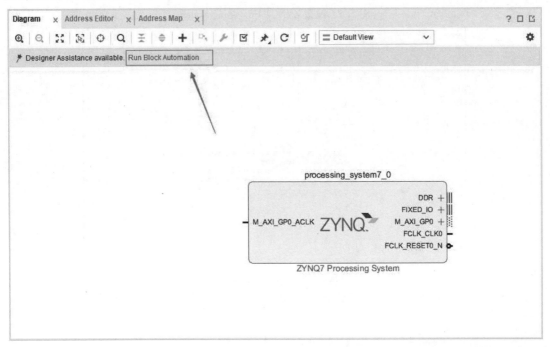

图 5.5　添加 ZYNQ7 Processing System

双击 ZYNQ7 Processing System 进行配置,去掉所有默认选项,只勾选 MIO Configuration 的 GPIO,如图 5.6 所示。

展开 GPIO_0,选中 GPIO_O[0:0]右键 Make External,改名为 GPIO_O,如图 5.7 所示。

按 F6(或√)进行 Validate Design 检查,无误后 Create HDL Wrapper,如图 5.8 所示。

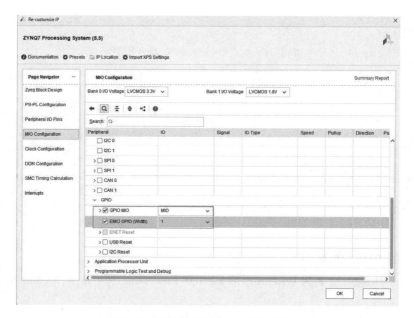

图 5.6   配置 ZYNQ7 Processing System

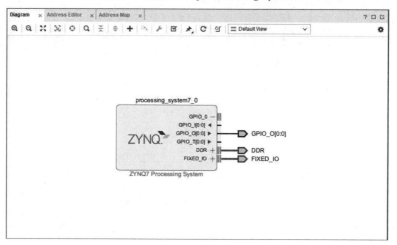

图 5.7   Make External GPIO_O

图 5.8   Create HDL Wrapper

(3) 创建顶层文件

顶层文件的作用是将以上 3 个模块连接为一个整体, RTL 原理图如图 5.9 所示。程序如下：

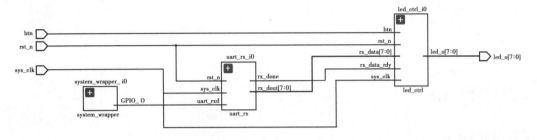

图 5.9　顶层 RTL 原理图

```
module uart_top (
input    wire            sys_clk,
input    wire            rst_n,
input    wire            btn,
output wire [7:0]        led_o
);
wire [7:0]        data;
wire              dout_vld;
wire              uart_data;

//将接收到的串行数据转换成并行数据
    uart_rx   uart_rx_i0(
    .sys_clk        (sys_clk),
    .rst_n          (rst_n),
    .uart_rxd       (uart_data),    //串行数据输入
    .rx_dout        (data),         //并行数据输出
    .rx_done        (dout_vld)
);

system_wrapper system_wrapper_i0
    (.DDR_addr(),
    .DDR_ba(),
    .DDR_cas_n(),
    .DDR_ck_n(),
    .DDR_ck_p(),
    .DDR_cke(),
```

```
        .DDR_cs_n(),
        .DDR_dm(),
        .DDR_dq(),
        .DDR_dqs_n(),
        .DDR_dqs_p(),
        .DDR_odt(),
        .DDR_ras_n(),
        .DDR_reset_n(),
        .DDR_we_n(),
        .FIXED_IO_ddr_vrn(),
        .FIXED_IO_ddr_vrp(),
        .FIXED_IO_mio(),
        .FIXED_IO_ps_clk(),
        .FIXED_IO_ps_porb(),
        .FIXED_IO_ps_srstb(),
        .GPIO_O(uart_data)
        );

led_ctrl led_ctrl_i0(
        .sys_clk(sys_clk),
        .rst_n(rst_n),
        .btn(btn),
        .rx_data(data),
        .rx_data_rdy(dout_vld),
        .led_o(led_o)
);
endmodule
```

依据顶层模块端口添加相应引脚约束后,生成 Bitstream 并导出硬件(包含 Bitstream),到此,硬件平台搭建完成。

添加约束文件如下:

```
## Clock signal 125 MHz
set_property-dict { PACKAGE_PIN H16 IOSTANDARD LVCMOS33 } [ get_ports { sys_clk } ];
##Switches
set_property-dict { PACKAGE_PIN M20 IOSTANDARD LVCMOS33 } [ get_ports { rst_n } ];
##Buttons
set_property-dict { PACKAGE_PIN D19 IOSTANDARD LVCMOS33 } [ get_ports { btn } ];
##LEDs
set_property-dict { PACKAGE_PIN R14 IOSTANDARD LVCMOS33 } [ get_ports { led_o[0] } ];
```

```
set_property-dict｛PACKAGE_PIN P14 IOSTANDARD LVCMOS33｝［get_ports｛led_o[1]｝］;
set_property-dict｛PACKAGE_PIN N16 IOSTANDARD LVCMOS33｝［get_ports｛led_o[2]｝］;
set_property-dict｛PACKAGE_PIN M14 IOSTANDARD LVCMOS33｝［get_ports｛led_o[3]｝］;
##PmodB
set_property-dict｛PACKAGE_PIN W14 IOSTANDARD LVCMOS33｝［get_ports｛led_o[4]｝］;
set_property-dict｛PACKAGE_PIN Y14 IOSTANDARD LVCMOS33｝［get_ports｛led_o[5]｝］;
set_property-dict｛PACKAGE_PIN T11 IOSTANDARD LVCMOS33｝［get_ports｛led_o[6]｝］;
set_property-dict｛PACKAGE_PIN T10 IOSTANDARD LVCMOS33｝［get_ports｛led_o[7]｝］;
```

5.2.2　Vitis 软件设计及测试

Vivado 界面中点击 Tools→Launch Vitis IDE 或单独启动 Vitis,在弹出的界面中点 Brows 选择 Vitis 工程存放路径,然后点击 Launch,如图 5.10 所示。

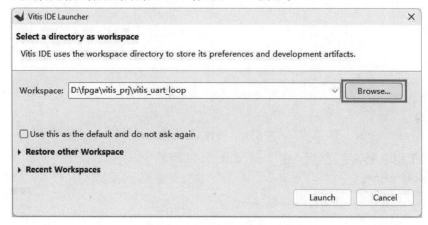

图 5.10　Vitis 工程路径

在图 5.11 所示界面下点击 Create Application Project 创建应用工程。

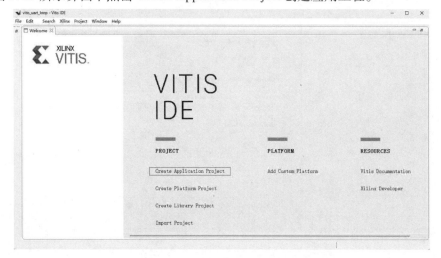

图 5.11　创建 Vitis 应用工程

出现 Create a New Application Project 界面,点击 Browse,在 Platform 中选择刚才 Vivado 生成的 BIT 文件 uart_top. xsa,如图 5.12 所示。

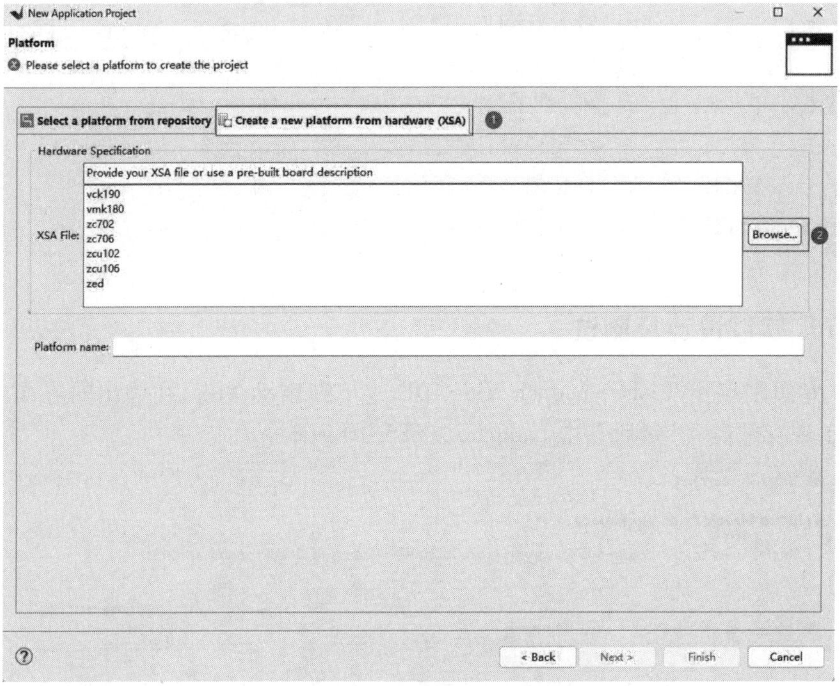

图 5.12　选择 xsa 文件

给应用工程取个名字,然后点击 Next,如图 5.13 所示。

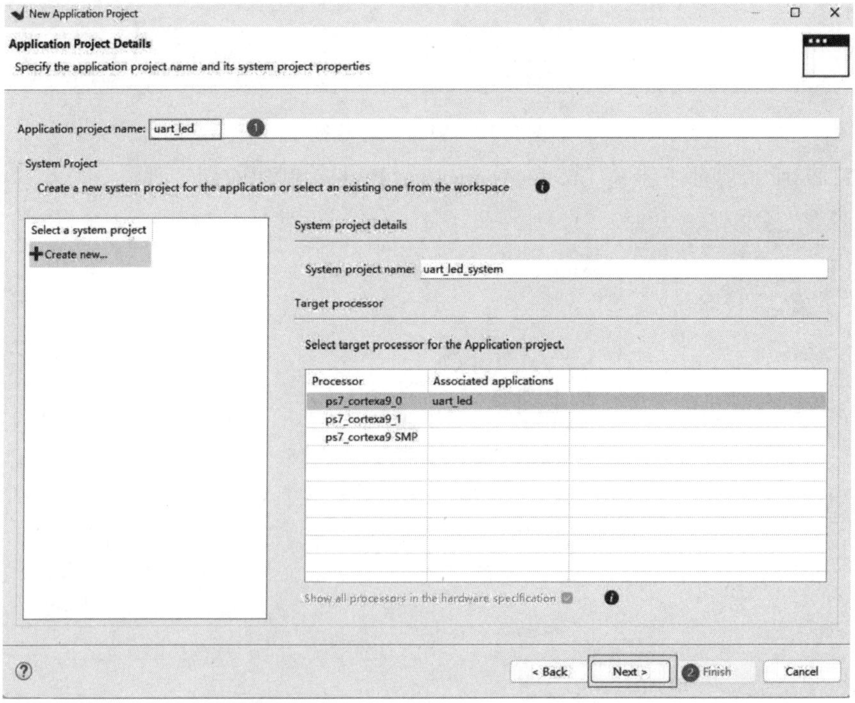

图 5.13　给应用工程取名

继续点击 Next,选择空白 C 模板或 Hello World 模板,如图 5.14 所示。

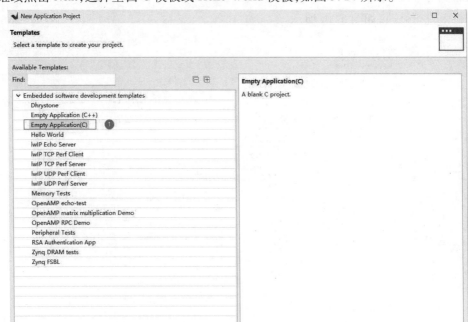

图 5.14　模板选择

应用工程目录下,点 src 右键选择 New→File,新建一个空白应用文件 uart_led. c,如图
5.15 所示。

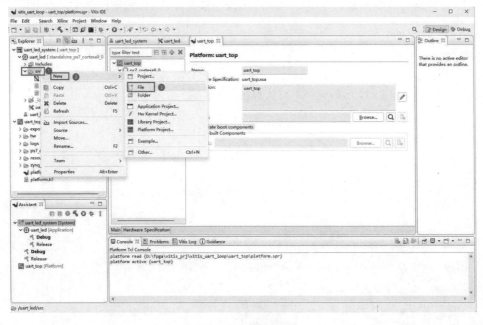

图 5.15　新建应用文件

通常编写应用程序时,可以在 platform. spr 的 Board Support Package 中找到相应的示例,在此基础上进行修改,如图 5.16 所示。

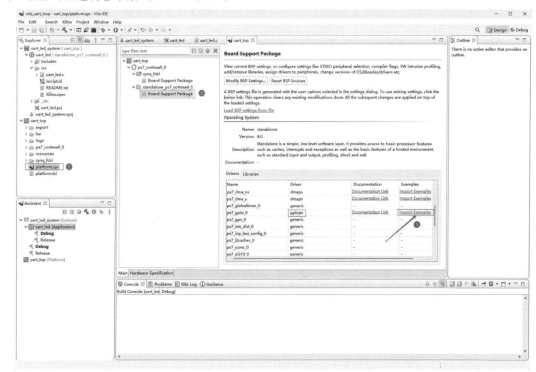

图 5.16   Xilinx 官方示例

有关 API 函数的用法在 5.1.3 节中有详细介绍,也可以在应用程序中选中相应头文件,Ctrl+鼠标左键查看这些函数。这里针对该应用程序做简要说明,完整程序代码如下:

```c
#include "xparameters. h"
#include "xgpiops. h"
#define    MIO_RX    14        // serial data received from PC
#define    EMIO_RX   54        // data sent to FPGA serial module on this port

XGpioPs    psGpioInstancePtr;

int main(void) {
    int Status, rxd_value;
    XGpioPs_Config * GpioConfigPtr;
    // PS GPIO Initialization
    GpioConfigPtr = XGpioPs_LookupConfig(XPAR_PS7_GPIO_0_DEVICE_ID);
    if(GpioConfigPtr == NULL)
        return XST_FAILURE;
    Status = XGpioPs_CfgInitialize(&psGpioInstancePtr, GpioConfigPtr,
```

```
GpioConfigPtr->BaseAddr);
        if( Status == !XST_SUCCESS)
          print(" PS GPIO INIT FAILED \n\r");
        //PS GPIO pin 14 setting to Input
        XGpioPs_SetDirectionPin( &psGpioInstancePtr, MIO_RX,0);
        //EMIO PIN 54 Setting to Output port
        XGpioPs_SetDirectionPin( &psGpioInstancePtr, EMIO_RX,1);
        XGpioPs_SetOutputEnablePin( &psGpioInstancePtr, EMIO_RX, 1); //output to PL
        while (1) {
        //Read from the PC input and send it to the serial module in the FPGA
          rxd_value = XGpioPs_ReadPin( &psGpioInstancePtr, MIO_RX);
          XGpioPs_WritePin( &psGpioInstancePtr, EMIO_RX, rxd_value);

        }

    }
```

①头文件 xparameters. h 中包含处理器的地址空间和设备 ID 宏定义,选中 xparameters. h Ctrl+鼠标左键,可以查看到 GPIO 相关信息如下:

```
/ * Definitions for peripheral PS7_GPIO_0 */
#define XPAR_PS7_GPIO_0_DEVICE_ID 0
#define XPAR_PS7_GPIO_0_BASEADDR 0xE000A000
#define XPAR_PS7_GPIO_0_HIGHADDR 0xE000AFFF
```

②宏定义:

```
#define   MIO_RX    14        // MIO 14 脚,接在 UART0 上用来接收 PC 数据
#define   EMIO_RX   54        // EMIO 54 脚,读取 14 脚的数据发送给 PL
```

③初始化 GPIO,根据设备 ID 查找配置信息,由配置信息找到设备基地址。

④设置 PIN 为输入/输出,并使能输出。

⑤读取 PIN 14 的值并写入到 PIN 54 中。

选中应用工程 uart_led,右键→Build Project 或者点"锤子"图标,进行程序编译,如图 5.17 所示。

再次选择应用工程 uart_led,右键→Run As→Launch on Hardware(Single　Application Debug),将程序烧录到 PYNQ-Z2 并运行,如图 5.18 所示。

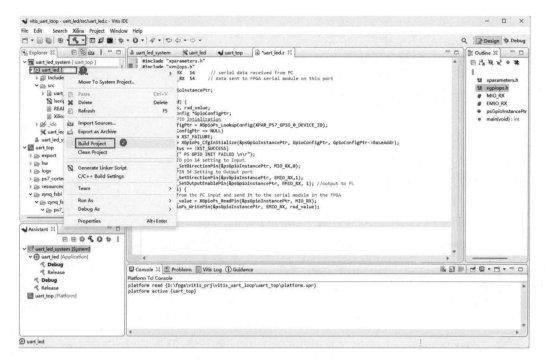

图 5.17　Build Project

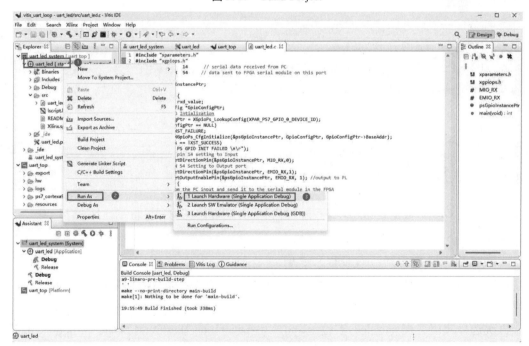

图 5.18　烧录并运行程序

打开串口助手,正确设置后发送 56,如图 5.19 所示。

从图 5.20 所示的运行结果可以看出,未按下 btn0 时,PYNQ-Z2 的 4 个 LED 显示 8 位数据中的低 4 位值 0110,按下 btn0 时交换高低位,LED 显示高 4 位值 0101,验证了程序设计的正确性。

图 5.19　串口助手发送数据

（a）LED 显示低 4 位值 0110

（b）LED 显示高 4 位值 0101

图 5.20　Uart 串口收发测试

5.3　EMIO 花样 LED 灯设计

设计内容:Zynq PS 端通过 EMIO 控制 PL 端 BTN 和 LED,按下不同的 BTN 让 LED 实现不同方式的闪烁。

达成目标:通过该设计实例,熟悉 EMIO BANK 的使用方法。

5.3.1　硬件平台设计

Vivado 中新建工程命名为 p_emio_btn_led,创建 Block Design 并添加 ZYNQ7 Processing System,点击 Run Block Automation 后,对 ZYNQ7 Processing System 进行 EMIO 配置,去掉所有默认勾选项,只勾选 EMIO GPIO,位宽为 6 位(低 4 位对应 LED,高 2 位对应 BTN),如图 5.21 所示。

选中 GPIO_0 右键 Make External,重新命名为 emio,如图 5.22 所示。

运行 Validate Design 成功后,创建 HDL Wrapper,打开 design_1_wrapper.v 找到 emio 引脚名称,如图 5.23 所示。

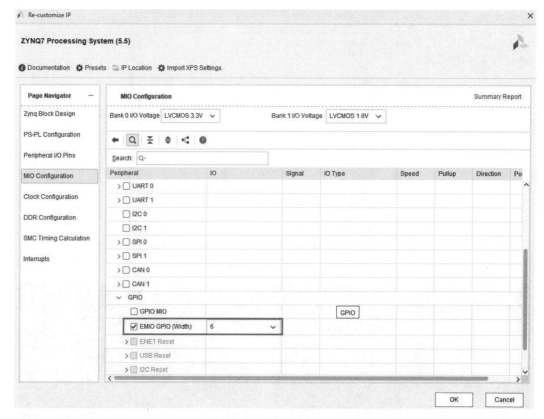

图 5.21　配置 EMIO

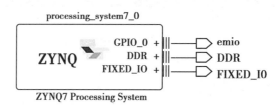

ZYNQ7 Processing System

图 5.22　Make External EMIO

对应 PYNQ-Z2 引脚约束如下:

```
##LEDs
set_property-dict ¦ PACKAGE_PIN R14    IOSTANDARD LVCMOS33 ¦ [get_ports ¦ emio_tri_io[0] ¦];
set_property-dict ¦ PACKAGE_PIN P14    IOSTANDARD LVCMOS33 ¦ [get_ports ¦ emio_tri_io[1] ¦];
set_property-dict ¦ PACKAGE_PIN N16    IOSTANDARD LVCMOS33 ¦ [get_ports ¦ emio_tri_io[2] ¦];
set_property-dict ¦ PACKAGE_PIN M14    IOSTANDARD LVCMOS33 ¦ [get_ports ¦ emio_tri_io[3] ¦];
##Buttons
set_property-dict ¦ PACKAGE_PIN D19    IOSTANDARD LVCMOS33 ¦ [get_ports ¦ emio_tri_io[4] ¦];
set_property-dict ¦ PACKAGE_PIN D20    IOSTANDARD LVCMOS33 ¦ [get_ports ¦ emio_tri_io[5] ¦];
```

生成 Bitstream,导出硬件,启动 Vitis。

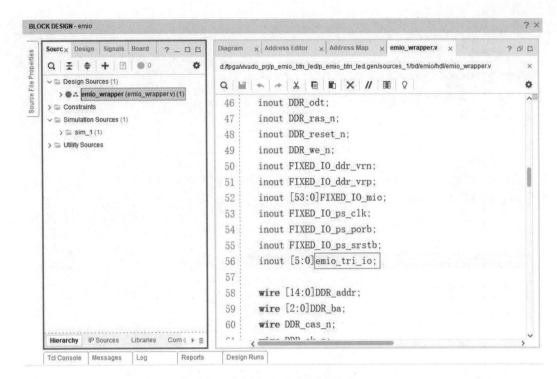

图 5.23　emio 引脚名称

5.3.2　Vitis 程序设计及测试

新建 Vitis 工程，添加应用程序代码如下：

```c
#include "xparameters.h"
#include "xgpiops.h"

#define GPIO_DEVICE_ID    XPAR_XGPIOPS_0_DEVICE_ID   //PS 端 GPIO 器件 ID
#define GPIO_BANK    XGPIOPS_BANK2          // GPIO BANK2
#define LED_DELAY    50000000

static  XGpioPs    Gpio;                    //PS 端 GPIO 驱动实例
static  XGpioPs_Config *ConfigPtr;          //PS 端 GPIO 配置信息

int main() {
    u8 btn_value;
    int Status;
    int i;
    int Delay;
    int data1[] = {0x01, 0x02, 0x04, 0x08, 0x04, 0x02};   //循环移位
```

```
    int data2[] = {0x00, 0x09, 0x06, 0x0a, 0x05, 0x0f};   //交替闪烁
    //根据器件 ID 查找配置信息
    ConfigPtr = XGpioPs_LookupConfig(GPIO_DEVICE_ID);
      if (ConfigPtr == NULL) {
        return XST_FAILURE;
    }
    //初始化器件驱动
    Status = XGpioPs_CfgInitialize(&Gpio, ConfigPtr, ConfigPtr->BaseAddr);
    if (Status! = XST_SUCCESS) {
            return XST_FAILURE;
    }
    XGpioPs_SetDirection(&Gpio, GPIO_BANK, 0x0f);   //设置 BANK2 低 4 位为输出
    XGpioPs_SetOutputEnable(&Gpio, GPIO_BANK, 0x0f);//使能 BANK2 低 4 位输出
while(1){
    btn_value = XGpioPs_Read(&Gpio, GPIO_BANK) >> 4;   //右移 4 位后,低 2 位对应 btn 值
    if (btn_value == 0x01){
      for(i = 0; i < 6; i++){
          for (Delay = 0; Delay < LED_DELAY; Delay++);
          XGpioPs_Write(&Gpio, GPIO_BANK, data1[i]);
                                    }
    }
    else if (btn_value == 0x02){
      for(i = 0; i < 6; i++){
          for (Delay = 0; Delay < LED_DELAY; Delay++);
          XGpioPs_Write(&Gpio, GPIO_BANK, data2[i]);
                                    }
    }
    else XGpioPs_Write(&Gpio, GPIO_BANK, 0x00);
}
return 0;
}
```

由约束文件可以看出,GPIO BANK2 的高 2 位对应 2 个 btn,低 4 位对应 4 个 LED,因此,btn_value 的值为 XGpioPs_Read(&Gpio, GPIO_BANK)右移 4 位的结果。本实例是对 GPIO BANK 进行操作,也可以单独对 GPIO 每个 PIN 进行操作,读者自行修改本程序实例。

将 Bitstream 烧录到 PYNQ-Z2 运行应用程序,当按下 btn0 时,开发板上一个 LED 亮起并不断左右循环移位;当 btn1 按下时,4 个 LED 完成两两交替点亮、全亮和全灭。实际演示结果如图 5.24 所示,验证了该设计功能正确。

（a）按下btn0

（b）按下btn1

图 5.24　实际演示结果

5.4　Zynq GPIO 中断实例

设计内容:基于 Zynq 中断原理,两个 btn 通过 AXI GPIO 产生中断,PS 通过 EMIO 控制 4 个 LED 显示中断内容。

达成目标:了解 Zynq 中断机制,熟悉 GPIO 中断初始化流程,掌握 AXI GPIO 中断方法。

5.4.1　Zynq 中断机制

中断是一种当满足要求的突发事件发生时通知处理器进行处理的信号。中断可以由硬件处理单元和外部设备产生,也可以由软件本身产生。

对硬件来说,中断信号是一个由某个处理单元产生的异步信号,用来引起处理器的注意。对软件来说,中断是一种异步事件,用来通知处理器需要改变代码的执行。

Zynq 的 PS 部分是基于双核 Cortex-A9 处理器和 GIC pl390 中断控制器的 ARM 架构。中断结构与 CPU 紧密连接,并接受来自 I/O 外设(IOP)和可编程逻辑(PL)的中断。中断控制器系统架构如图 5.25 所示。

从图 5.25 中可以看出 CPU 接收的中断来源有三种:

①私有外设中断(Private Peripheral Interrupts,PPI)。

②软件生成中断(Software Generated Interrupts,SGI)。

③共享外设中断(Shared Peripheral Interrupts,SPI)。

通用中断控制器(Generic Interrupt Controller, GIC)是一个用于集中管理从 PS 和 PL 发送到 CPU 的中断,启用、禁用、屏蔽和优先化中断源的处理中心,将具有最高优先级的中断源分配给各个 CPU 之前集中所有中断源,并在 CPU 接口接受下一个中断时以编程方式将它们发送到选定的 CPU。

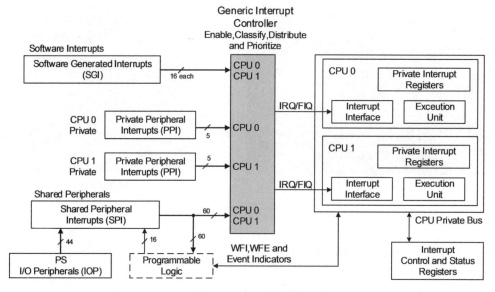

图 5.25 中断控制器系统架构

5.4.2 中断分类及优先级

(1)SGI 软件生成中断

软件生成中断简称 SGI,可以路由到一个或两个 CPU。通过写入 GIC 中的寄存器来产生软件中断。每个 CPU 都可以产生 16 个软件中断,中断号为 0 ~ 15。向 ICDSGIR 寄存器写入 SGI 中断号,并设置目标 CPU,便可生成 SGI 中断。每个 CPU 都有自己的一组 SGI 寄存器。所有的 SGI 为边沿触发,SGI 的敏感类型是固定不可变,见表 5.17。

表 5.17 软件中断表

IRQ ID#	Name	SGI#	Type	Description
0	Software 0	0	Rising edge	A set of 16 interrupt sources that are private to each CPU that can be routed to up to 16 common interrupt destinations where each destination can be one or more CPUs
1	Software 1	1	Rising edge	
~	…	~	…	
15	Software 15	15	Rising edge	

(2)PPI 私有外设中断

每个 CPU 都有一组私有外设中断(简称 PPI),这些中断使用存储寄存器进行私有访问。PPI 包括全局定时器、私有看门狗定时器、私有定时器和来自 PL 的 FIQ/IRQ 共五种外设,中断号为 27 ~ 31,其中断敏感类型(Type)固定不可改变,见表 5.18。

表 5.18　私有外设中断表

IRQ ID#	Name	PPI	Type	Description
26:16	Reserved	~	~	Reserved
27	Global Timer	0	Rising edge	Golbal timer
28	nFIQ	1	Active Low level (active High at PS-PL interface)	Fast interrupt signal from the PL: CPU0: IRQF2P[18] CPU1: IRQF2P[19]
29	CPU Private Timer	2	Rising edge	interrupt from private CPU timer
30	AWDT{0, 1}	3	Rising edge	Private watchdog timer for each CPU
31	nIRQ	4	Active Low level (active High at PS-PL interface)	interrupts signal from the PL: CPU0: IRQF2P[16] CPU1: IRQF2P[17]

（3）SPI 共享外设中断

共享外设中断简称 SPI,由 PS 和 PL 中的各种 I/O 和内存控制器产生,共有 60 个。SPI 可以被路由到一个或两个 CPU。来自 PS 外设的 SPI 中断也可以路由到 PL。中断控制器会 管理这些中断的优先级和接收。PL 部分有 16 个共享中断(中断号 61 ~ 68 和 84 ~ 91),中断 敏感类型可以改变,其余固定不变,见表 5.19。

对于电平敏感类型的 SPI 中断,中断请求源必须提供在中断被确认后将其清除掉的机 制。对于上升沿敏感类型的中断,请求源必须提供足够宽的脉冲,让 GIC 能够捕获。比如来 自 PL 的中断 IRQF2P[n]中断可配置为高电平敏感或上升沿敏感,使用时要注意。

（4）中断优先级

所有的中断请求,无论是 PPI、SGI 还是 SPI,都分配了一个唯一的 ID 编号,以用于中断控 制器的仲裁。中断分配器保存每个 CPU 的中断挂起列表,并从中选择优先级最高的中断,然 后把它发送到 CPU 接口。如果具有相同优先级的两个中断同时到达,具有最低中断 ID 的会 首先被发送。

GIC 中断控制器支持最小 16 级,最大 256 级优先级,优先级设置值越小,优先级越高,见 表 5.20。在 Vitis 中,可以通过 xscugic_hw.h 头文件查看默认情况下的最大优先级等级数量, 该参数可根据需要修改。

表 5.19　PS 和 PL 共享外设中断表

Source	Interrupt Name	IRQ ID#	Status Bits (mpcore Registers)	Required Type	PS–PL Sigal Name	I/O
APU	CPU 1,0(L2, TLB, BTAC)	33:32	Spi_status_0[1:0]	Rising edge	~	~
	L2 Cache	34	Spi_status_0[2]	High level	~	~
	OCM	35	Spi_status_0[3]	High level	~	~
Reserved	~	36	Spi_status_0[4]	~	~	~
PMU	PMU[1:0]	38:37	Spi_status_0[6:5]	High level	~	
XADC	XADC	39	Spi_status_0[7]	High level	~	
DevC	DevC	40	Spi_status_0[8]	High level	~	
SWDT	SWDT	41	Spi_status_0[9]	Rising edge	~	
Timer	TTC 0	44:42	Spi_status_0[12:10]	High level	~	
DMAC	DMAC Abort	45	Spi_status_0[13]	High level	IRQP2F[28]	Output
	DMAC[3:0]	49:46	Spi_status_0[17:14]	High level	IRQP2F[23:20]	Output
Memory	SMC	50	Spi_status_0[18]	High level	IRQP2F[19]	Output
	Quad SPI	51	Spi_status_0[19]	High level	IRQP2F[18]	Output
Reserved	~	~	~	Always driven Low	IRQP2F[17]	Output

续表

Source	Interrupt Name	IRQ ID#	Status Bits (mpcore Registers)	Required Type	PS-PL Sigal Name	I/O
IOP	GPIO	52	Spi_status_0[20]	High level	IRQP2F[16]	Output
	USB 0	53	Spi_status_0[21]	High level	IRQP2F[15]	Output
	Ethernet 0	54	Spi_status_0[22]	High level	IRQP2F[14]	Output
	Ethernet 0 Wake-up	55	Spi_status_0[23]	Rising edge	IRQP2F[13]	Output
	SDIO 0	56	Spi_status_0[24]	High level	IRQP2F[12]	Output
	I2C 0	57	Spi_status_0[25]	High level	IRQP2F[11]	Output
	SPI 0	58	Spi_status_0[26]	High level	IRQP2F[10]	Output
	UART 0	59	Spi_status_0[27]	High level	IRQP2F[9]	Output
	CAN 0	60	Spi_status_0[28]	High level	IRQP2F[8]	Output
PL	PL [2:0]	63:61	Spi_status_0[31:29]	Rising edge/ High level	IRQF2P[2:0]	Input
	PL [7:3]	68:64	Spi_status_1[4:0]	Rising edge/ High level	IRQF2P[7:3]	Input
Timer	TTC 1	71:69	Spi_status_1[7:5]	High level	~	~
DMAC	DMAC[7:4]	75:72	Spi_status_1[11:8]	High level	IRQP2F[27:24]	Output

IOP	USB 1	76	Spi_status_1[12]	High level	IRQP2F[7]	Output
	Enternet 1	77	Spi_status_1[13]	High level	IRQP2F[6]	Output
	Enternet 1 Wake-up	78	Spi_status_1[14]	Rising edge	IRQP2F[5]	Output
	SDIO 1	79	Spi_status_1[15]	High level	IRQP2F[4]	Output
	I2C 1	80	Spi_status_1[16]	High level	IRQP2F[3]	Output
	SPI 1	81	Spi_status_1[17]	High level	IRQP2F[2]	Output
	UART 1	82	Spi_status_1[18]	High level	IRQP2F[1]	Output
	CAN 1	83	Spi_status_1[19]	High level	IRQP2F[0]	Output
PL	PL[15:8]	91:84	Spi_status_1[27:20]	Rising edge/ High level	IRQF2P[15:8]	Input
SCU	Parity	92	Spi_status_1[28]	Rising edge	~	~
Reserved	~	95:93	Spi_status_1[31:29]	~	~	~

表 5.20 GIC 中断优先级

Implemented priority bits	Possible priority field values	Number of priority levels
[7:0]	0x00~0xFF（0~255），all values	256
[7:1]	0x00~0xFE（0~254），even values only	128
[7:2]	0x00~0xFC（0~252），in steps of 4	64
[7:3]	0x00~0xF8（0~248），in steps of 8	32
[7:4]	0x00~0xF0（0~240），in steps of 16	16

5.4.3 中断处理流程

Zynq GPIO 中断处理流程如图 5.26 所示，上述三种类型的中断都遵循此过程，只是细节稍有不同，值得注意的是，GPIO 共享外设中断 ID 为 52，而 AXI GPIO 共享中断 ID 为 [91:84] 和 [68:61]。

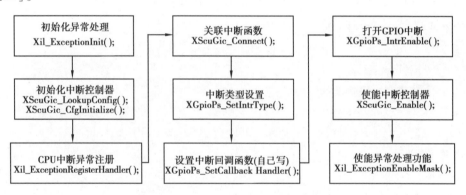

图 5.26 Zynq GPIO 中断处理流程图

GPIO 中断处理流程示例代码如下：

```
#include "xparameters.h"
#include "xgpiops.h"
#include "xscugic.h"


#define INTC_DEVICE_ID      XPAR_SCUGIC_SINGLE_DEVICE_ID
#define KEY_BANK   2


XGpioPs Gpio;


void SetupInterruptSystem(XScuGic *GicInstancePtr, XGpioPs *Gpio, u16 GpioIntrId)
```

```
{
    //查找器件配置信息,并进行初始化。
    XScuGic_Config * IntcConfig;
    IntcConfig = XScuGic_LookupConfig( INTC_DEVICE_ID );
    XScuGic_CfgInitialize( GicInstancePtr, IntcConfig, IntcConfig->CpuBaseAddress );
    //初始化异常处理
    Xil_ExceptionInit( );
    //通过调用该函数给 IRQ 异常处理注册程序
    Xil_ExceptionRegisterHandler( XIL_EXCEPTION_ID_INT,
                ( Xil_ExceptionHandler ) XScuGic_InterruptHandler,
                GicInstancePtr );
    //使能处理器中断
    Xil_ExceptionEnableMask( XIL_EXCEPTION_IRQ );
    //关联中断处理函数
    XScuGic_Connect( GicInstancePtr, GpioIntrId,
                ( Xil_ExceptionHandler ) IntrHandler, ( void * ) Gpio );
    //IntrHandler 为自己要编写的中断服务函数

    //为 GPIO 器件使能中断
    XScuGic_Enable( GicInstancePtr, GpioIntrId );
    //设置 GPIO BANK"中断触发类型"( xgpiops. h 中查找相关宏定义)
    XGpioPs_SetIntrType( Gpio, KEY_BANK, XGPIOPS_IRQ_TYPE_EDGE_FALLING );
    //下降沿触发
    //打开 EMIO 中断使能信号
    XGpioPs_IntrEnable( Gpio, KEY_BANK );
}
```

5.4.4 AXI GPIO 中断设计实例

(1) Vivado 创建 Block Design

添加 ZYNQ7 Processing System,点击 Run Block Automation,然后双击 ZYNQ7 Processing System,弹出配置界面,然后点击 MIO Configuration,去掉所有默认选择,只勾选 EMIO GPIO,位宽设置为 4 位,用于控制 PL 的 4 个 LED。如图 5.27 所示。

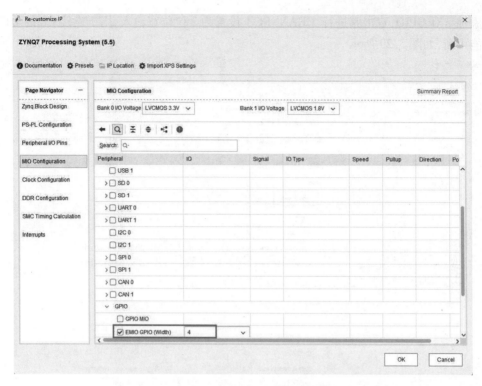

图 5.27　MIO Configuration 设置

interrupts 中勾选中断 IRQ_F2P[15:0]，如图 5.28 所示。

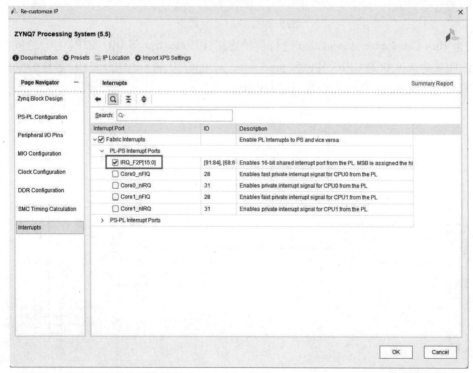

图 5.28　ZYNQ7 Processing System

添加 AXI GPIO,双击它进行,CHANNEL 1 设置为 2 位位宽输入,用于连接 PL 的 BTN,同时便能中断,如图 5.29 所示。

图 5.29　AXI GPIO 设置

点击 Run Connection Automation 进行自动连接,ip2intc_irpt 与 IRQ_F2P[0:0]之间需要手动连接,将 axi_gpio_0 的 GPIO 名称和 processing_system7_0 的 GPIO_O[3:0]名称分别修改为 btns 和 leds,完成 Block Design 设计,如图 5.30 所示。

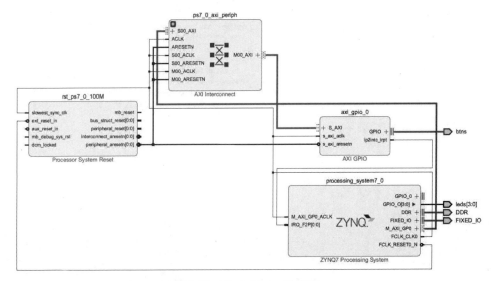

图 5.30　Block Design 设计图

约束文件如下：

```
##LEDs
set_property-dict｛PACKAGE_PIN R14    IOSTANDARD LVCMOS33｝[ get_ports｛ leds[0]｝];
set_property-dict｛PACKAGE_PIN P14    IOSTANDARD LVCMOS33｝[ get_ports｛ leds[1]｝];
set_property-dict｛PACKAGE_PIN N16    IOSTANDARD LVCMOS33｝[ get_ports｛ leds[2]｝];
set_property-dict｛PACKAGE_PIN M14    IOSTANDARD LVCMOS33｝[ get_ports｛ leds[3]｝];
##Buttons
set_property-dict｛PACKAGE_PIN D19    IOSTANDARD LVCMOS33｝[ get_ports｛ btns_tri_i[0]｝];
set_property-dict｛PACKAGE_PIN D20    IOSTANDARD LVCMOS33｝[ get_ports｛ btns_tri_i[1]｝];
```

（2）Vitis 程序设计

该程序实现功能：LED 闪烁周期为 2 s。若按下 btn0，触发中断，LED 闪烁周期变为 200 ms，若按下 btn1，触发中断，LED 每 0.5 s 左移 1 位。程序代码如下：

```
#include "xparameters. h"
#include "xgpiops. h"
#include "xgpio. h"
#include "xil_exception. h"
#include "xscugic. h"
#include "sleep. h"

#define  GPIO_DEVICE_ID   XPAR_PS7_GPIO_0_DEVICE_ID //GPIO 器件 ID
#define LED_BANK   2                               //GPIO 所属 BANK

#define AXI_GPIO__DEVICE_ID   XPAR_GPIO_0_DEVICE_ID   //AXI GPIO 器件 ID
#define BTN_CHANNEL   1                              //AXI GPIO 所属通道

#define INTC_DEVICE_ID   XPAR_SCUGIC_0_DEVICE_ID    //GIC 设备 ID
#define AXI_GPIO_INTERRUPT_ID   61U                 //AXI GPIO 中断 ID 号

XGpioPs_Config * ConfigPtr;
XGpioPs Gpio;        //GPIO 驱动实例

XScuGic_Config * IntcConfig;
XScuGic    Intc;      //GIC 驱动实例

XGpio    AXI_Gpio;   //AXI GPIO 驱动实例
```

```
void GPIO_Config( );
void SetupInterruptSystem( );
void IntrHandler( );

int main( void ) {
    GPIO_Config( );
    SetupInterruptSystem( );
      while( 1 ) {
          XGpioPs_Write( &Gpio, LED_BANK, 0xf );
          sleep( 1 );
          XGpioPs_Write( &Gpio, LED_BANK, 0x0 );
          sleep( 1 );
      }
      return 0;
  }

void GPIO_Config( ) {
    //查找配置信息,初始化 GPIO
    ConfigPtr = XGpioPs_LookupConfig( GPIO_DEVICE_ID );
    XGpioPs_CfgInitialize( &Gpio, ConfigPtr, ConfigPtr->BaseAddr );

    XGpio_Initialize( &AXI_Gpio, AXI_GPIO_DEVICE_ID );    //初始化 AXI GPIO

    XGpioPs_SetDirection( &Gpio, LED_BANK, 0x0f );        //配置 GPIO 输出
    XGpioPs_SetOutputEnable( &Gpio, LED_BANK, 0x0f );    //使能输出

    XGpio_SetDataDirection( &AXI_Gpio, BTN_CHANNEL, 1 );//配置 AXI GPIO 为输入,因为 Block
 Design 设计时 btn 设置为 input,所以这条语句也可以省去;如果 Block Design 设计时 btn 设置为 inout,
那么这条语句中的参数 1 应改为 0x03。
    }

void SetupInterruptSystem( ) {
    //根据器件 ID 查找配置信息,初始化中断的驱动
    IntcConfig = XScuGic_LookupConfig( INTC_DEVICE_ID );
    XScuGic_CfgInitialize( &Intc, IntcConfig, IntcConfig->CpuBaseAddress );
```

```
// 初始化 ARM 处理器异常句柄
   Xil_ExceptionInit( );
// IRQ 异常注册处理程序
   Xil_ExceptionRegisterHandler( XIL_EXCEPTION_ID_INT,
        ( Xil_ExceptionHandler ) XScuGic_InterruptHandler,&Intc );
// 使能处理器的异常中断
   Xil_ExceptionEnableMask( XIL_EXCEPTION_IRQ );
// 关联中断函数
   XScuGic_Connect( &Intc, AXI_GPIO_INTERRUPT_ID, IntrHandler, &AXI_Gpio );
// 使能 AXI GPIO 中断
   XScuGic_Enable( &Intc, AXI_GPIO_INTERRUPT_ID );
// 设置中断触发方式：优先级和高电平触发( 01 )，上升沿触发( 11 )，xscugic. h 中查找相关宏定义
   XScuGic_SetPriorityTriggerType( &Intc, AXI_GPIO_INTERRUPT_ID, 0xA0, 0x01 );
// 使能 AXI GPIO 全局中断
   XGpio_InterruptGlobalEnable( &AXI_Gpio );
// 使能 CHANNEL1 中断
   XGpio_InterruptEnable( &AXI_Gpio, 1 );
}
// 中断处理函数
void IntrHandler( ) {
   u8 times, i;
   u32 btn_val;
   int data[ ] = {0x01, 0x02, 0x04, 0x08, 0x01, 0x02, 0x04, 0x08};
   btn_val = XGpio_DiscreteRead( &AXI_Gpio, BTN_CHANNEL );
     switch ( btn_val ) {
     case 1: for( times = 0; times <= 7; times++ ) {
           XGpioPs_Write( &Gpio, LED_BANK, 0x0f );
           usleep( 100000 );
         XGpioPs_Write( &Gpio, LED_BANK, 0x00 );
           usleep( 100000 );
     }
      break;
     case 2: for( i = 0; i <= 7; i++ ) {
           XGpioPs_Write( &Gpio, LED_BANK, data[ i ] );
           usleep( 500000 );
     };
```

```
        break
    default: break;
    }

    //清除中断寄存器,否则无法再次进入中断
    XGpio_InterruptClear(&AXI_Gpio, 1);
}
```

对程序作如下说明:

①宏定义、驱动实例及 API 函数可以从程序前面的头文件中查到。

②main 函数包含 GPIO_Config( )、SetupInterruptSystem( )和 LED 闪烁程序三个模块。

③GPIO_Config( )对 GPIO、AXI GPIO 进行初始化及 BANK 和 CHANNEL 配置。

④SetupInterruptSystem( )包含整个 AXI GPIO 中断处理流程,该流程与 5.4.3 中 GPIO 中断流程大致相同,只有个别函数设置不同。

⑤中断处理函数 IntrHandler( )的最后要清除中断寄存器,否则无法再次进入中断。

Vitis 中执行 debug 无误后,烧录 Bitstream 到 PYNQ-Z2 开发板中进行实际验证,结果如图 5.31 所示。其中,图 5.31(a)表示按 btn0 触发中断,4 个 LED 以 200ms 为周期同时不断闪烁;图 5.31(b)则表示按 btn1 触发中断,LED 每 0.5s 左移 1 位。

（a）按btn0触发的中断响应　　　　　　　　（b）按btn1触发的中断响应

图 5.31　PYNQ-Z2 演示结果

6

Vitis HLS设计初步

高层次综合(High-level Synthesis)简称HLS,指的是将高层次语言描述的逻辑结构,自动转换成低抽象级别语言描述的电路模型的过程。

从Vivado 2019.2开始,Xilinx将HLS工具集成到Vitis里,名称也由Vivado HLS更名为Vitis HLS,同时增加了一些功能。本章首先介绍Vitis HLS基本概念及设计流程,然后,通过几个由浅入深的设计实例,初步掌握HLS设计方法。

6.1 Vitis HLS 设计基础

6.1.1 Vitis HLS 简介

Vitis HLS(High Level Synthesis)是一种高层次综合工具,支持用户使用C/C++和System C语言对Xilinx系列的FPGA进行编程,用户无须手动创建RTL,通过高层次综合生成HDL级的IP核,从而加速IP创建。

FPGA设计过程往往要用到相关的硬件描述语言,如Verilog HDL和VHDL。HLS可以帮助开发人员减轻手写RTL代码的烦琐过程,从而提高生产效率。使用C/C++等高级语言进行开发,大幅降低项目开发周期和成本,加快了开发人员通过HLS开发工具,完成以All Programmable SoC为基础,利用软硬件协同设计方式的产品开发。

FPGA是HLS设计的理想平台,因为它可以快速进行原型设计,具有快速的设计周期并且具有固有的可重新编程性。现代HLS工具通常包含用于设计目标的广泛的FPGA技术库。Vitis HLS用户图形界面如图6.1所示。

①Project Exploer Pane(工程浏览窗口):用于展示工程的层次。当进行验证、综合、打包IP核等操作时,各个操作所产生的文件都将自动地生成到对应文件夹中。

②Information Pane(信息窗口):用于显示文件内容,并且当一个操作完成时,报告文件将会在这个窗口自动打开。

③Auxiliary Pane(辅助窗口):该窗口的内容和信息窗口密切相关,并且显示的内容也是动态调整的,取决于信息窗口打开的文件内容。

④Console Pane(控制窗口):该窗口用于展示Vitis HLS运行时产生的错误和警告信息。

⑤Toolbar Buttons(工具按钮):这个按钮条包含一些最常用的功能按钮。

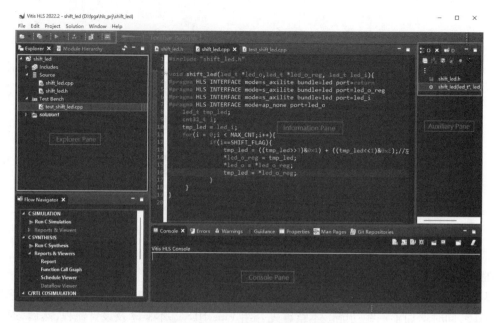

图 6.1　Vitis HLS 用户图形界面

6.1.2　Vitis HLS 设计流程

Vitis HLS 工具将 C 函数综合成一个 IP，可以将其集成到硬件系统中。它与 Xilinx 的其他设计工具紧密集成，并为 C 算法创建最佳实现提供全面的语言支持和功能。图 6.2 显示了 Vitis HLS 一般设计流程。

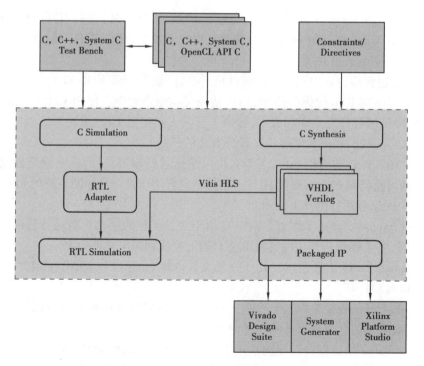

图 6.2　Vitis HLS 一般设计流程

开发人员采用 C/C++语言来描述算法以及 Test Bench,同时还要准备 Constraints 和 Directives。Vitis HLS 有专门的图形化界面来设置 Directives。以上这些组成了整个设计的输入。

值得一提的是,Vitis HLS 也集成和提供了 C 代码库。这些库涵盖了算术运算、视频处理、信号/数据处理、线性代数等。开发人员可以直接调用这些库函数来加速 C 算法的描述。

通过 Vitis HLS 平台将以上设计输出为 VHDL/Verilog HDL 代码。开发人员并不直接使用这些代码,而是将这些代码封装成 IP 核,然后将 IP 核添加到 Vivado 的 IP Catalog 中进行调用。这也与 Vivado 提出的以 IP 为核心的设计理念是一致的。可以将 Vitis HLS 设计流程进一步细化为如图 6.3 所示流程。

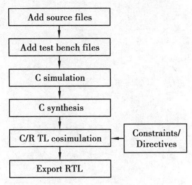

图 6.3　Vitis HLS 设计流程

①C/C++仿真:添加一个顶层函数,这个函数将来就会映射成 RTL 电路,之后用一个 C test bench 对这个函数功能进行验证,在算法层面检验函数是否能够正常工作。

②C 综合:综合实际是把 C/C++源码综合成 RTL 实现,产生对应的电路,综合阶段对各种接口的约束(Directive)十分关键,不同的约束会导致在生成电路时的不同实现。

③C/RTL 协同仿真:目的是确认 C 的逻辑和 RTL 的逻辑是否一致,所以会将 RTL 仿真的生成结果与 C 仿真结果进行对比。

④Export RTL:最后一步就是导出 IP。

其中基于 C 的 Test Bench 文件非常重要,它不仅包含了输入信息以及测试案例,它还包含了测试的正确结果用于进行仿真比较。通过 Vitis 的联合仿真(Cosimulation)功能,C/C++语言描述的 Test Bench 可以自动转换为 RTL 的 Test Bench。

6.2　基于 Vitis HLS 的 4 位 LED 流水灯设计

设计内容:利用 Vitis HLS 生成每 0.5 s 左移 1 位的 4 位 LED 流水灯 IP,Vivado 调用该 IP 生成 Block Design,最后利用 Vitis 编程实现循环左移功能。

达成目标:掌握 Vitis HLS 生成 IP 的基本方法和 Vitis 中自定义 IP 驱动的使用。

6.2.1　Vitis HLS 生成 IP

Vitis HLS 一般设计流程包括:添加设计文件、添加 test bench、C 仿真、C 综合、C/RTL 协同仿真、导出 IP 核。另外,在综合之前可以在 solution 里添加约束,以综合出想要的结果。

（1）创建 HLS 工程

打开 Vitis HLS 开发工具，单击 Creat Project 创建一个新工程，工程名称和路径设置如图 6.4 所示，单击 Next 暂时跳过 Top Function 和 TestBench Files 的选择。

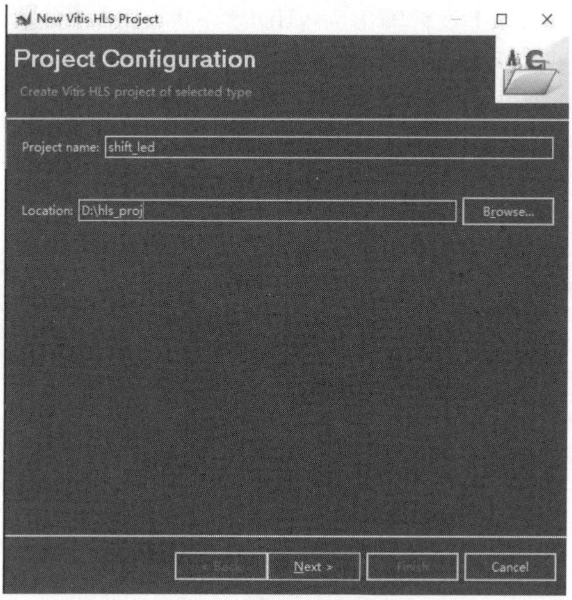

图 6.4   工程名称和路径

出现如图 6.5 所示界面，Solution Name、Clock Period 和 Uncertainly 均为默认设置，点击 Part Selection 选项右侧方框，选择芯片类型或板卡型号。

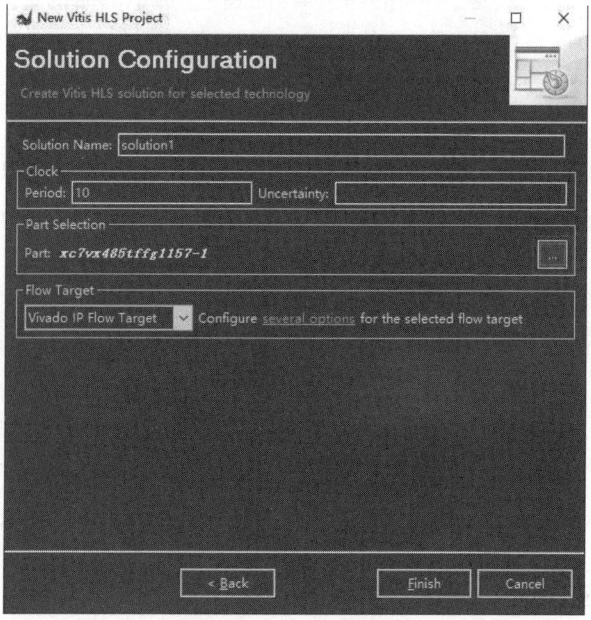

图 6.5   器件类型选择

选择 pynq-z2，然后单击 OK，如图 6.6 所示，返回原界面后点击 Finish。

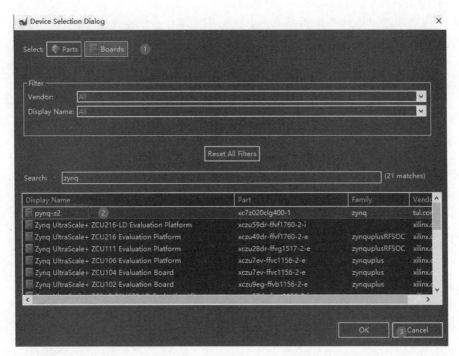

图 6.6 选择 pynq-z2 开发板

出现如图 6.7 所示的 Vitis HLS 工程界面,在 Source 文件夹内添加 shift_led. cpp 和 shift_led. h,在 Test Bench 内添加 test_shift_led. cpp。

图 6.7 添加工程文件和测试文件

Source 内添加的 shift_led. h 和 shift_led. cpp,内容如下:

1)头文件 shift_led. h

```
#ifndef _SHIFT_LED_H_
#define _SHIFT_LED_H_
#include " ap_int. h "

//设置 LED 灯半秒左移一次,开发板时钟频率为100M
#define MAX_CNT    100000000/2
//#define MAX_CNT 100/2       //仅用于仿真,不然时间太长

#define SHIFT_FLAG   MAX_CNT-2

typedef ap_fixed < 4,4 > led_t;
typedef ap_fixed < 32,32 > cnt32_t;

void shift_led( led_t ∗ led_o,led_t ∗ led_o_reg,led_t led_i);
#endif
```

头文件中|#ifndef SHIFT_LED_H #define SHIFT_LED_H #endif|设置的目的是防止头文件被重复调用。"被重复调用"是指一个头文件在同一个 cpp 文件中被 include 了多次,这种错误常常是由于 include 嵌套造成的。比如在 a. h 文件中存在#include " c. h ",b. cpp 文件导入了#include " a. h"和#include " c. h",此时会造成 c. h 被重复引用。如果_SHIFT_LED_H_没有被宏定义,那么宏定义_SHIFT_LED_H_并且执行后面的语句,否则执行#endif 后面的代码。

ap_fixed 为任意精度定点数类型函数,包含在设置 int 自定义位宽的" ap_int. h" 头文件中,它的用法是 ap_fixed<n,m>,n 表示数据总位宽,m 表示整数部分位宽,小数部分位宽是 n-m。该函数可实现端口数据位宽的约束。

2)核心文件 shift_led. cpp

```
#include " shift_led. h "

void shift_led( led_t ∗ led_o,led_t ∗ led_o_reg,led_t led_i)
{
    led_t   tmp_led;
    cnt32_t   i;
    tmp_led = led_i;
    for( i = 0;i < MAX_CNT;i++) {
        if( i = = SHIFT_FLAG) {
            tmp_led = ( ( tmp_led >> 3) & 0x1) +( ( tmp_led << 1) & 0xE);//左移
            ∗ led_o_reg = tmp_led;
```

```
        * led_o = * led_o_reg;
        tmp_led = * led_o_reg;
      }
    }
}
```

shift_led. cpp 实现计数到 0.5 s 后左移一次,需要注意的是它仅仅完成一次左移功能。如果要实现循环左移,可以在上述代码中进行修改,也可以在 Vitis 中用 C 代码实现。

3)测试文件 test_shift_led. cpp

```
#include " shift_led. h "
#include <stdio. h>

using namespace std;

int main( ) {
    led_t    led_o;
    led_t    led_o_reg;
    led_t    led_i = 0xE;// 1110
    const   int SHIFT_TIME = 4;
    int i;
    for( i = 0;i < SHIFT_TIME;i++) {
        shift_led( &led_o,&led_o_reg,led_i);
        led_i = led_o;
        char string[25];
        itoa((unsigned int)led_o & 0xf,string,2);//&0xf 是为了取 led_o 的低 4 位
        if (i == 2)fprintf( stdout," shift_out = 0%s\n",string);//数据对齐,高位补零
        else fprintf( stdout," shift_out = %s\n",string);
        }
    return 0;
}
```

Test Bench 是一个自我检查的模式,本身包含真实的结果,用于和仿真结果进行对比,以验证仿真结果是否正确。其中,itoa( )函数是 C 语言中整型数转换成字符串的一个函数。

(2)C 仿真

为了缩短仿真时间,进行 C 仿真前将 shift_led. h 中的 MAX_CNT 改为 100/2,然后单击

Project 下 Run C Simulation 或工具按钮中 C Simulation 选项，开始 C 仿真。弹出 C Simulation Dialog 界面，点击 OK。等待一段时间，出现如图 6.8 所示仿真结果，可以看到实现了四次数据左移。

图 6.8　C 仿真结果

（3）C 综合

综合前先对端口进行约束。双击打开 shift_led. cpp，在右侧 Directive 目录下的 led_o 单击右键，选择 Insert Directive，约束设置如图 6.9 所示。

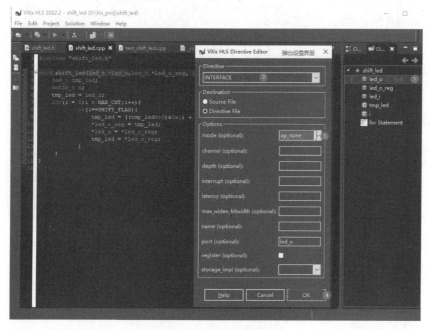

图 6.9　端口约束设置

因为 led_o 是接口,所以 Directive 中选择为 INTERFACE,Destination 中选择 Source File,注意 Source File 是针对所有 Solution 采用同一优化手段,而 Directive File 只对当前 Solution 有效。

对 led_i、led_o_reg 和 shift_led 做相同约束,都被绑定为 led,如图 6.10 所示。这样做的目的是让 s_axi_control 和 ap_ctrl 集成到一个总线中。

图 6.10　端口约束与绑定

Directive 设置完成后,查看 shift_led. cpp,多出 4 行代码,如图 6.11 所示。

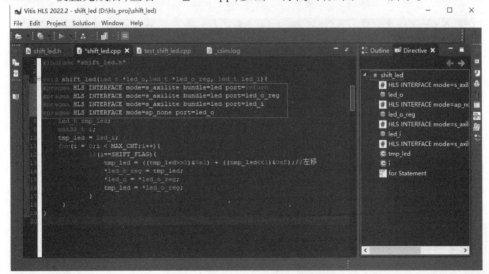

图 6.11　Directive 设置完成界面

在进行 C 综合之前,把 MAX_CNT 改回 10000000/2,然后点击 Project ->Project Settings 弹出 Synthesis Settings 界面,选择顶层函数,如图 6.12 所示。

设置 Top Function 后,点击 Solution->Run C Synthesis->Active Solution 或点击工具按钮中 C Synthesis,弹出 Active Solution 界面,点击 OK。C 综合完成后弹出如图 6.13 所示界面,可以查看 Latency 和 Utilization Estimates 等情况。

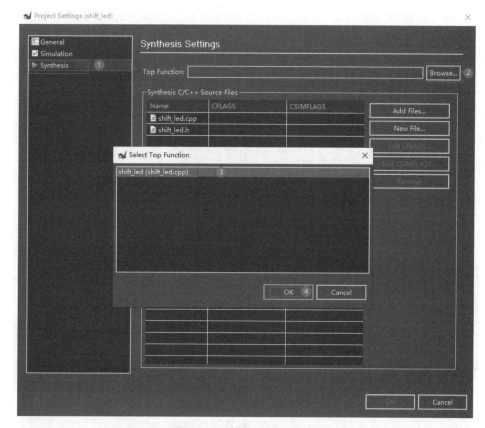

图 6.12　选择 Top Function

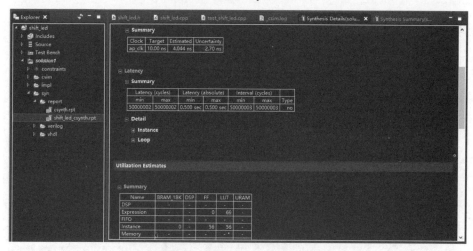

图 6.13　Synthesis Summary 界面

（4）Export RTL 导出 IP

点击 Solution→Export RTL 或点击工具按钮中 Export RTL,在弹出界面的 IP Configuration 选择中,开发者可以填写开发者姓名、版本号等信息,导出的 IP 默认存放在 solution→impl→ip 目录下,如图 6.14 所示。

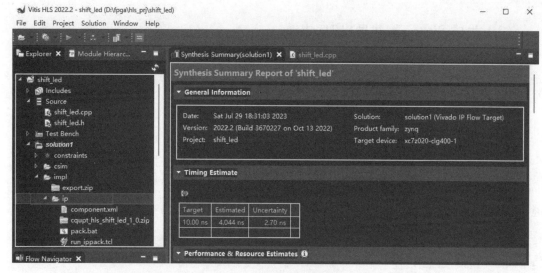

图 6.14　IP 设置存放路径

6.2.2　Vivado 搭建硬件平台

（1）创建 Block Design

新建 Vivado 工程,命名为 p_hls_led,板卡选择 pynq-z2,把 HLS 生成的 IP（D：\hls_proj\shift_led\solution1\impl）添加到 Vivado IP 库中,添加 ZYNQ7 Processing System 和 shift_led IP,把 shift_led 输出 led_o_0 改名为 led,手动连接中断信号线,生成 BD 如图 6.15 所示。

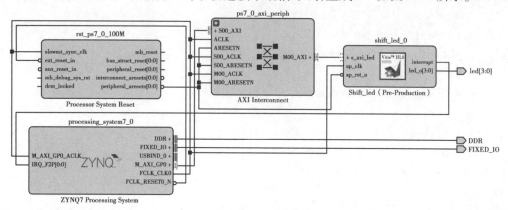

图 6.15　Block Design 设计

（2）添加约束

```
set_property –dict {PACKAGE_PIN R14   IOSTANDARD LVCMOS33} [get_ports {led[0]}];
set_property –dict {PACKAGE_PIN P14   IOSTANDARD LVCMOS33} [get_ports {led[1]}];
set_property –dict {PACKAGE_PIN N16   IOSTANDARD LVCMOS33} [get_ports {led[2]}];
set_property –dict {PACKAGE_PIN M14   IOSTANDARD LVCMOS33} [get_ports {led[3]}];
```

（3）生成 Bitstream 并导出 Hardware

成功 Create Bitstream 后,导出包含 Bitstream 的硬件。

6.2.3　创建 Vitis 工程及测试

（1）Vitis 软件设计

进入 Vitis 工作界面后,找到 Vitis HLS 生成的 shift_led IP 驱动所在文件夹(shift_led\solu-tion1\impl\ip\drivers\shift_led_v1_0\src),复制 4 个文件到 Vitis 应用工程下 src 文件夹内(右键粘贴即可),如图 6.16 所示。然后新建一个 main. c 应用文件,内容如下:

```c
#include <stdio. h>
#include " xparameters. h "
#include " xshift_led. h "

#define LED_DELAY 50000000
#define    LED_DEVICE_ID    XPAR_SHIFT_LED_0_DEVICE_ID
XShift_led    leds_intance;

int main( void) |
int led_val;
int Delay;

XShift_led_Initialize( &leds_intance,LED_DEVICE_ID);
XShift_led_Set_led_i( &leds_intance,0xE);
XShift_led_Start( &leds_intance);
for( Delay = 0;Delay < LED_DELAY;Delay++);
while( 1) |
    led_val = XShift_led_Get_led_o_reg( &leds_intance);
    XShift_led_Set_led_i( &leds_intance,led_val);
    XShift_led_Start( &leds_intance);
    |
return 0;
|
```

如图 6.16 所示,在右侧 Outline 中双击打开 xparameters. h,按 Ctrl+F 输入 led,可以查看到 shift_led 的 ID 名称为 XPAR_SHIFT_LED_0_DEVICE_ID,同样的方法双击 xshift_led. h,可以查看到 shift_led 驱动 API,main. c 中用到如下四个函数,作用分别是初始化 shift_led 函数、读 led_o_reg 值、设置 led_i 的值和启动 shift_led。

```
int XShift_led_Initialize( XShift_led * InstancePtr,u16 DeviceId);
u32XShift_led_Get_led_o_reg( XShift_led * InstancePtr);
void XShift_led_Set_led_i( XShift_led * InstancePtr,u32 Data);
void XShift_led_Start( XShift_led * InstancePtr);
```

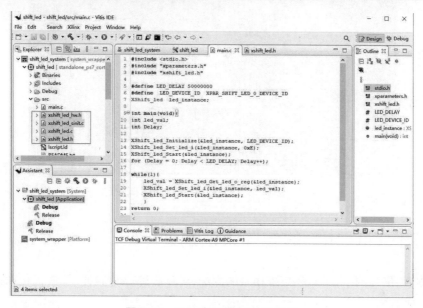

图 6.16　Vitis 中添加 HSL IP 驱动

（2）上板测试

点击 Project->Build Project（或 Ctrl+B）编译程序完成后，右键点击工程选择 Launch Hardware 烧录 Bitstream 到 PYNQ-Z2 开发板并运行程序，如图 6.17 所示。

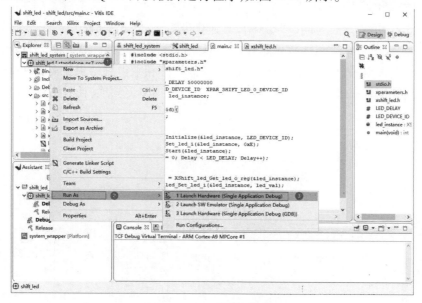

图 6.17　导入硬件到开发板

PYNQ-Z2 运行结果如图 6.18 所示,验证了设计的正确性。

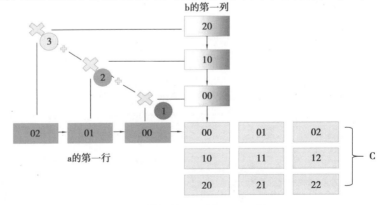

图 6.18   PYNQ-Z2 运行结果

6.3   基于 Vitis HLS 的矩阵乘法加速

设计内容:编写两个 32 * 32 矩阵相乘的算法,对算法进行 C 验证、算法优化和接口优化、C 综合和生成 RTL IP。

达成目标:熟悉 Vitis HLS 算法加速方法。

6.3.1   矩阵乘法加速算法

(1)传统矩阵相乘算法

以两个 3 * 3 矩阵乘法为例(图 6.19),其计算步骤为:将矩阵 a 的第一行与矩阵 b 的第一列对应元素相乘,再将结果相加得到矩阵 c 的第一行第一列元素 c[0][0]。可见,若计算出矩阵 c 的一个元素为一个时钟周期,将两个 3 * 3 的矩阵相乘得到结果就需要 9 个时钟周期,并且这 9 次运算都是在进行着相同的乘法与加法,过程简单但烦琐,耗时比较长。

图 6.19   矩阵乘法计算步骤示意图

传统的矩阵算法加速方案是调用矩阵快速幂,矩阵快速幂的实现原理是通过把数据放到矩阵的不同位置,然后把普通递推式变成"矩阵的等比数列",最后用快速幂求解递推式。例如 a * b,a=2,b=50。50 的二进制为 110010,也就是 32+16+2,所以原数可以写成 a * 32+a * 16+a * 2。这就是快速幂的思想。从本质上来说,矩阵快速幂依旧是数与数之间反复地相乘与相加,它只是将数相乘或相加的耗时减少了。

(2)矩阵相乘的 Vitis HLS 优化

Vitis HLS 优化算法的两个最关键指令是流水线(PIPELINE)和数据流(DATAFLOW)。合理地使用这两个关键指令能有效地提高算法的运算速度,增强算法的并行性,提升吞吐量。展开(UNROLL)指令只对 for 循环展开,与流水线指令有着密切的联系。对于矩阵算法,无非是行与列的循环计算,所以最常见的一种优化形式就是流水线优化(Pipelining the Loop)。

设置流水线能改善 Latency(时间延迟)和 Intercal(时间间隔),在没有设置 PIPELINE 的时候,程序的实现是按照时间顺序一个接一个地进行。但是在设置好了 PIPELINE 后,程序的实现是有一些并行性在里面的(图 6.20)。

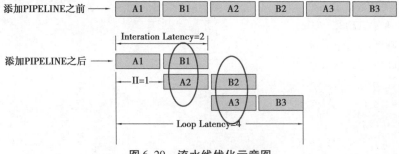

图 6.20　流水线优化示意图

图 6.20 中显示添加 PIPELINE 优化后的 for 循环,每次循环迭代还是两个周期,由于 II = 1,因此可以不用等到前一次 for 循环执行完了再执行下一个 for 循环。圆圈标记为并行执行部分,整个 Loop Latency 缩短为 4。对于一个简单的 3 * 3 矩阵,当对其进行 PIPELINE 优化后,矩阵算法能将其中的 for 循环展开成并行运算,C 中每一个元素都能在一个时钟周期内得到赋值,使计算的时间得到大幅减少(图 6.21)。相对于传统的矩阵算法,优化后的算法具有更优质的运算速度和效率。

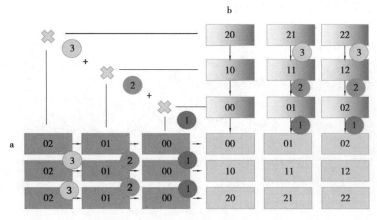

图 6.21　矩阵乘法的 PIPELINE 优化

6.3.2 创建 HLS 工程

第 6.2 节已经对创建工程的步骤进行了详细介绍,本节不再赘述,直接给出头文件 matrix _mul.h、核心文件 matrix_mul.cpp 和测试文件 test_matrix_mul.cpp。

(1)头文件 matrix_mul.h

头文件定义了输入矩阵 a、b 的维度和输出矩阵 c 的维度。

```
#ifndef __MATRIX_MUL_H__
#define __MATRIX_MUL_H__
#include <cmath>
using namespace std;
#define MAT_A_ROWS 32
#define MAT_A_COLS 32
#define MAT_B_ROWS 32
#define MAT_B_COLS 32
/*确定矩阵的行与列的大小*/
typedef int mat_a_t;
typedef int mat_b_t;
typedef int mat_c_t;

void matrix_mul(
    mat_a_t a[MAT_A_ROWS][MAT_A_COLS],
    mat_b_t b[MAT_B_ROWS][MAT_B_COLS],
    mat_c_t c[MAT_A_ROWS][MAT_B_COLS]
);
#endif
```

(2)核心文件 matrix_mul.cpp

```
#include "matrix_mul.h"
void matrix_mul(
    mat_a_t a[MAT_A_ROWS][MAT_A_COLS],
    mat_b_t b[MAT_B_ROWS][MAT_B_COLS],
    mat_c_t c[MAT_A_ROWS][MAT_B_COLS])
{
    int tempA[MAT_A_ROWS][MAT_A_COLS];
    int tempB[MAT_B_ROWS][MAT_B_COLS];
```

```
    int tempAB[MAT_A_ROWS][MAT_B_COLS];

    for( int ia = 0;ia < MAT_A_ROWS;ia++){
    for( int ja = 0;ja < MAT_A_COLS;ja++){
        tempA[ia][ja] = a[ia][ja];
    }
    }
for( int ib = 0;ib < MAT_B_ROWS;ib++){
    for( int jb = 0;jb < MAT_B_COLS;jb++){
        tempB[ib][jb] = b[ib][jb];
    }
    }
/*对于 AB 的每一行每一列元素的存储*/
row:for( int i = 0;i < MAT_A_ROWS;++i){
    col:for( int j = 0;j < MAT_B_COLS;++j){
        int ABij = 0;
     product:for( int k = 0;k < MAT_A_COLS;++k){
        ABij += tempA[i][k] * tempB[k][j];  /*矩阵 A 与 B 对应元素相乘*/
    }
        tempAB[i][j] = ABij;  /*结果矩阵 ABij 的每一行每一列元素的存储*/
    }
    }
for( int iab = 0;iab < MAT_A_ROWS;iab++){
    for( int jab = 0;jab < MAT_B_COLS;jab++){
      c[iab][jab] = tempAB[iab][jab];  /*得到结果*/
    }
    }
}
```

核心文件编写了两个 32 * 32 矩阵相乘的算法,其原理是将每个矩阵的列循环嵌套在每个矩阵的行循环中,这样在输入每个矩阵单元对应的元素时,每一个单元都能准确存储对应的值,并在计算的时候,逐个元素、逐个单元地对矩阵进行运算,运算的工作量很大。

(3)测试文件 test_matrix_mul.cpp

```
#include <iostream>
#include "matrix_mul.h"
```

```
#define HW_COSIM
using namespace std;
int main( int argc,char * * argv)
{
    int a[32][32],b[32][32];
    for( int i = 0;i < 32;i++)
    {
        for( int j = 0;j < 32;j++)
        {
            a[i][j] = i+j;
            b[i][j] = i+2 * j;
        }
    }    /* 此段为 Test Bench 中的 stimulus,拟定两个32 * 32 的实数矩阵 */
    mat_c_t hw_c[32][32],sw_c[32][32];
    int err_cnt = 0;
    for( int i = 0;i < MAT_A_ROWS;i++){
        for( int j = 0;j < MAT_B_COLS;j++){
            sw_c[i][j] = 0;
            for( int k = 0;k < MAT_B_ROWS;k++){
                sw_c[i][j] += a[i][k] * b[k][j];
            }
        }
    }    /* 此段代码拟定一个32 * 32 的矩阵,矩阵元素为前面拟定的两个矩阵相乘的值,用以验证 matrix_
mul. cpp 代码的正确性。 */
#ifdef HW_COSIM
    matrix_mul(a,b,hw_c);    /* 此为 DUT,即将前面拟定的三个矩阵用于 matrix_mul. cpp 的函数,用来
验证算法的正确性。 */
#endif
    for( int i = 0;i < MAT_A_ROWS;i++){
        for( int j = 0;j < MAT_B_COLS;j++){
#ifdef HW_COSIM
            if( hw_c[i][j] != sw_c[i][j]){
                err_cnt++;
            }    /* 表示算法出错,即得到的答案与 sw_c 不相等。 */
#else
            cout << sw_c[i][j];
#endif
        }
    }
#ifdef HW_COSIM
```

```
    if( err_cnt)
        cout << "ERROR:" << err_cnt << "mismatches detected! " << endl;
else
        cout << "Test passed." << endl;
#endif
    return err_cnt;
}
```

Test Bench 定义两个 32 * 32 的待运算矩阵 a 和 b 及一个 32 * 32 的结果矩阵 sw_c,此结果矩阵为设计时已经计算出的结果,目的是将两个待运算矩阵带入到所编写的乘法矩阵算法中进行计算,并且验证得到的结果 hw_c 是否与所定义的结果矩阵 sw_c 相等。如图 6.22 所示。

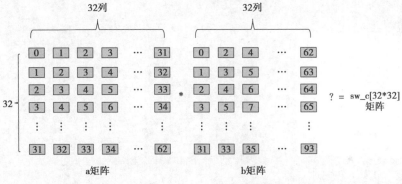

图 6.22　Test Bench 示意图

6.3.3　C 仿真

运行 C Simulation,经过一段时间弹出如图 6.23 所示仿真界面,表明测试矩阵 hw_c 与结果矩阵 sw_c 相等,仿真通过。

图 6.23　C 仿真图

6.3.4   C 综合

C 仿真通过,证明 matrix_mul.cpp 矩阵乘法算法正确,接下来进行 C 综合及矩阵算法优化和接口优化。

（1）算法优化

设置 matrix_mul.cpp 为顶层文件,然后做 C 综合,结果保存在 Solution1 中,为了便于对比优化前后的结果,点击左侧 Explorer 下的 matrix_mul,右键选择 New Solution,增加一个 Solution2,如图 6.24 所示。

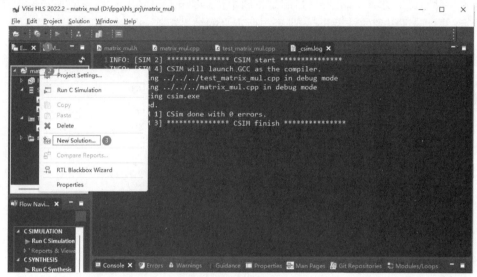

图 6.24   增加 Solution2

切换到 matrix_mul.cpp 界面,在右侧 Directive 找到 product,右键插入 Directive,对其做 PIPELINE 优化,如图 6.25 所示,然后进行 C 综合。

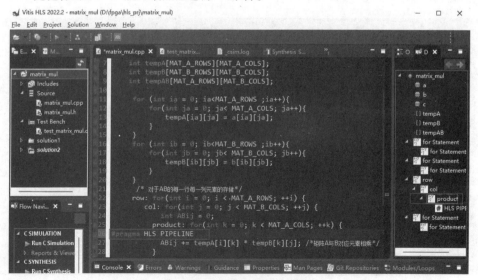

图 6.25   PIPELINE 优化设置

同样方法增加 Solution，分别对 col、row 和矩阵 a 和 b 做 ARRAY_RESHAPE 优化，同时选中 5 个 Solution，右键选择 Compare Reports，如图 6.26 所示。

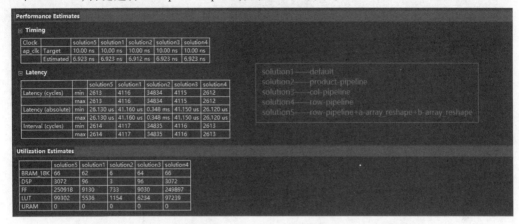

图 6.26　solution 结果对比

可见，不同的优化策略会生成不同的优化结果，所谓没有最优，只有更优。

（2）接口优化

对 a、b 和 c 做同样的 axis 接口优化，对 matrix_mul 控制模块做 ap_ctrl_none 接口优化，分别如图 6.27(a)、(b) 所示。

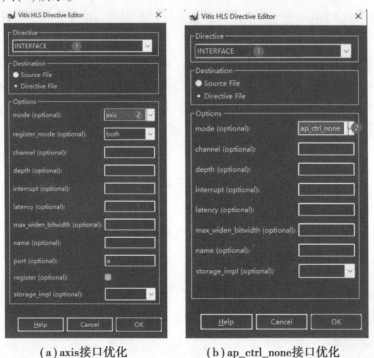

（a）axis 接口优化　　　　　（b）ap_ctrl_none 接口优化

图 6.27　接口优化设置

综合后的接口信息如图 6.28 所示，axis 属于数据流类型。点击 Solution->Export TL，导出 IP 如图 6.29 所示，至此，Vitis HLS 设计完成。

RTL Ports	Dir	Bits	Protocol	Source Object	C Type
ap_clk	in	1	ap_ctrl_none	matrix_mul	return value
ap_rst_n	in	1	ap_ctrl_none	matrix_mul	return value
a_TDATA	in	1024	axis	a	pointer
a_TVALID	in	1	axis	a	pointer
a_TREADY	out	1	axis	a	pointer
b_TDATA	in	1024	axis	b	pointer
b_TVALID	in	1	axis	b	pointer
b_TREADY	out	1	axis	b	pointer
c_TDATA	out	32	axis	c	pointer
c_TVALID	out	1	axis	c	pointer
c_TREADY	in	1	axis	c	pointer

图 6.28　接口信息总结

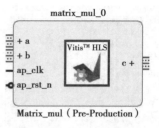

图 6.29　HLS 生成的 IP

6.4　基于 Vitis HLS 的 FIR 滤波器设计

设计内容:设计一种基于 Vitis HLS 的 FIR 滤波器,在 PYNQ-Z2 开发板上实现低通音频滤波器的功能。

达成目标:掌握 Vitis HLS 设计音频 FIR 滤波器的方法,进一步熟悉算法优化和接口优化方法。

6.4.1　FIR 滤波器设计基础

在开始 FIR 滤波器设计之前,先对 FIR 滤波器相关知识和设计方法做简要介绍。

(1) FIR 滤波器模型

有限脉冲响应(Finite Impulse Response,FIR)滤波器是对 N 个采样数据执行加权平均(卷积)处理的滤波器,又称为非递归型滤波器,在保证任意幅频特性的同时具有严格的线性相频特性,还有着有限长的单位抽样响应,因此 FIR 滤波器是一个稳定的系统。N 阶 FIR 滤波器表达式为:

$$y(k) = \sum_{n=0}^{N-1} x(k)h(n-k) = x(k) \times h(k) \tag{6.1}$$

对式(6.1)取 Z 变换,得到:

$$Y(z) = X(z)H(z) \tag{6.2}$$

式中 $H(z)$ 即为数字滤波器的系统函数,有:

$$H(z) = \frac{Y(z)}{X(z)} = \sum_{k=0}^{N-1} h(k)z^{-k} = h(0) + h(1)z^{-1} + h(2)z^{-2} + \cdots + h(N-1)z^{-(N-1)} \tag{6.3}$$

由式(6.3)可得到 FIR 滤波器直接型结构,如图 6.30 所示。

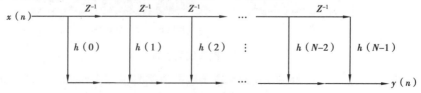

图 6.30　FIR 滤波器直接型结构

图 6.30 中延时单元可用移位寄存器实现,每输入一个采样值则执行一轮乘加操作,如图 6.31 所示。

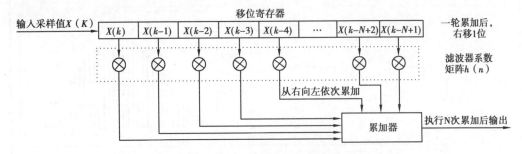

图 6.31 FIR 滤波器时域模型

(2) FIR 滤波器的窗函数设计法

在数字信号处理中,对信号进行卷积只需简单的乘加操作,所以采用直接法设计 FIR 滤波器就是根据需要找到系统函数 $H_d(z)$,然后对系统函数做逆变换,再通过时域采样后得到单位抽样响应 $h_d(n)$,最后与输入信号进行卷积,从而实现系统。然而 $h_d(n)$ 为无限长序列,是物理不可实现的。为了解决这个问题,可以采用窗函数法设计抽样响应系数。

窗函数法是用"加窗"截断后的有限长序列 $h(n)$ 去代替理想滤波器的单位抽样响应 $h_d(n)$,是一种逼近方法:

$$h(n) = h_d(n) \times w(n) \tag{6.4}$$

$w(n)$ 即为窗函数,需要注意的是,调整窗口长度只能有效地控制过渡带的宽度,而要减小带内波动以及增大阻带衰减,只能选择合适的窗函数形状来解决问题。表 6.1 和表 6.2 分别列出了五种典型窗函数及其参数。

表 6.1 五种窗函数的表达式与波形

窗函数	表达式 $w(n)$	窗函数波形
矩形窗 (Rectangle)	$\begin{cases} 1 & 0 \leq n \leq N-1 \\ 0 & others \end{cases}$	
三角窗 (Bartlett)	$\begin{cases} \dfrac{2n}{N-1} & 0 \leq n \leq \dfrac{1}{2}(N-1) \\ 2-\dfrac{2n}{N-1} & \dfrac{1}{2}(N-1) < n \leq N-1 \\ 0 & others \end{cases}$	

续表

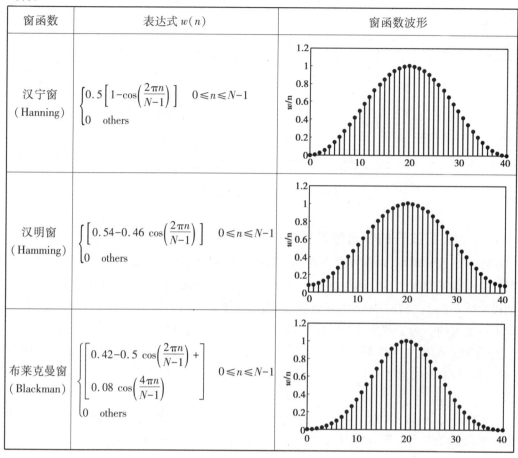

窗函数	表达式 $w(n)$	窗函数波形
汉宁窗 （Hanning）	$\begin{cases} 0.5\left[1-\cos\left(\dfrac{2\pi n}{N-1}\right)\right] & 0\leqslant n\leqslant N-1 \\ 0 & \text{others} \end{cases}$	
汉明窗 （Hamming）	$\begin{cases} \left[0.54-0.46\cos\left(\dfrac{2\pi n}{N-1}\right)\right] & 0\leqslant n\leqslant N-1 \\ 0 & \text{others} \end{cases}$	
布莱克曼窗 （Blackman）	$\begin{cases} \left[0.42-0.5\cos\left(\dfrac{2\pi n}{N-1}\right)+ \\ 0.08\cos\left(\dfrac{4\pi n}{N-1}\right)\right] & 0\leqslant n\leqslant N-1 \\ 0 & \text{others} \end{cases}$	

表 6.2   五种窗函数的基本参数

窗函数类型	旁瓣峰值/dB	过渡带宽度 Bt	阻带最小衰减/dB
矩形窗	−13	1.8 π/N	−21
三角窗	−25	6.1 π/N	−25
汉宁窗	−31	6.2 π/N	−44
汉明窗	−41	6.6 π/N	−53
布莱克曼窗	−57	11 π/N	−74

（3）确定滤波器系数

假设音源为 wav 文件,采样率为 48 kHz,设计一个低通滤波器,参数要求如表 6.3 所示。

表6.3　FIR 滤波器参数要求

通带截止频率	阻带截止频率	阻带最大衰减
2 000 Hz	4 000 Hz	50 dB
π/12(归一化)	π/6(归一化)	——

根据表6.3,选择汉明窗可以满足阻带最小衰减53 dB>50 dB,且过渡带宽度 Bt 较小。调用 Vivado 库中 FIR IP 进行仿真,取阶数 $N=80$ 的汉明窗低通 FIR 滤波器,阻带最小衰减达到51.628 6 dB,如表6.4所示,满足设计要求。

表6.4　80 阶 FIR 低通滤波器通、阻带衰减

衰减 $20 \lg(|H(\omega)|)$	通带(0~0.833 3 π)	阻带(0.166 7~1 π)
Min	−0.020 8 dB	——
Max	0.021 8 dB	−51.628 6 dB
Ripple(纹波)	0.042 6 dB	

以上过程通过 Excel 可以计算出 $h(n)$,如图6.32所示。

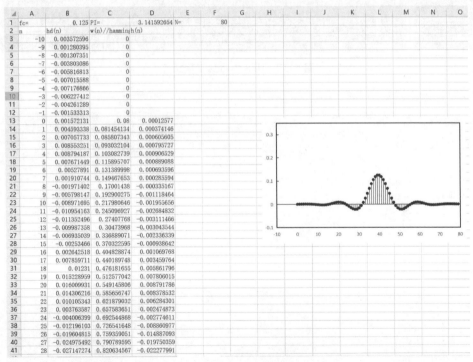

图6.32　Excel 算出的 $h(n)$

6.4.2 FIR 滤波器的 HLS 设计

（1）创建 HLS 工程

前面章节已经对如何创建 HLS 工程做了详细介绍，这里直接给出添加相关文件后的工程界面，如图 6.33 所示。下面给出相应工程文件，并做一些解释。

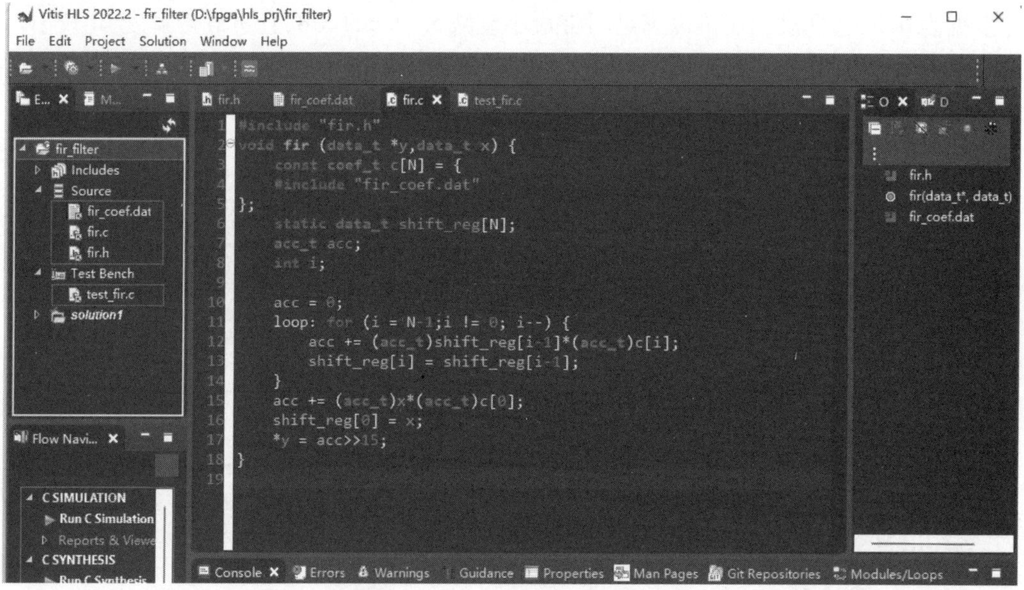

图 6.33 HLS 中添加工程文件

头文件 fir.h 内容如下：

```
#ifndef _FIR_H_
#define _FIR_H_
#define N      80
typedef short      coef_t;
typedef short      data_t;
typedef int        acc_t;
#endif
```

核心代码 fir.c 内容如下：

```
#include "fir.h"
void fir( data_t ∗ y,data_t x){
    const coef_t c[N] = {
    #include "fir_coef.dat"
};
    static data_t shift_reg[N];
    acc_t acc;
    int i;
```

```
    acc = 0;
    loop:for( i = N−1;i != 0;i−−){
        acc += (acc_t)shift_reg[i−1] * (acc_t)c[i];
        shift_reg[i] = shift_reg[i−1];
    }
    acc += (acc_t)x * (acc_t)c[0];
    shift_reg[0] = x;
    *y = acc >> 15;     //右移 15 位
}
```

定义常量为 cofe_t 的数组,数组包含 fir_cofe. dat 滤波器参数文件,随后在循环中去计算求和平均,右移 15 位后赋值给 y 作为输出。

和 C 语言思路不一样的是,输入的 x 是一个流函数,一次只能接收一个数据,因此要用 shift_reg 储存之前的数据,所以该数组为静态类型。

对输入(当前输入数据 x 和存储在 shift_reg 中之前的数据)执行累乘加操作,每次 for 循环执行一个常量和一个输入数据的乘法,并将求和结果存储在 acc 当中。这个操作类似于 FIFO。

滤波器系数数据文件 fir_coef. dat 内容如下:

4,12,19,26,29,29,22,9,−10,−36,−64,−87,−101,−99,−76,−30,35,113,192,255,288,274,205,81,−90,−290,
−487,−647,−730,−700,−533,−215,249,837,1 508, 2 207, 2 871,3 437,3 850, 4 068,4 068,3 850,3 437,
2 871,2 207,1 508,837,249, −215,−533, −700,−730,−647,−487,−290,−90,81,205,274,288,255,192,113,
35, −30,−76,−99, −101,−87,−64,−36,−10,9,22,29,29,26,19,12,4

上述滤波器系数具有 1 位符号位和 15 位数值位,它是原始系数 $h(n)$ 左移 15 位,即 $h(n)$ 乘以 32 768 并取整得到的,滤波后再将结果右移 15 位还原。这是因为整型的乘法运算更容易实现,所以要将浮点型系数转化为定点型系数,尽可能多地保留系数信息(系数范围为 −1 ~ 1),放大 2^{15} 倍最合适。

另一个原因是 PYNQ-Z2 的 PS 端与 PL 端通过 axi_lite 总线通信,位宽为 32,所以 16 位系数 $c[i]$(15 位有效)与 16 位采样值 x(15 位有效)相乘得到 32 位结果,用整型 int(4 Byte)存放。查询 ADAU-1761 编解码器数据手册可知,音频信号的量化深度为 24 位,本次设计将采样值右移 16 位,即保留采样值的高 16 位,滤波后将结果左移 16 位还原,以上各类数据位宽如表 6.5 所示。

表 6.5 各类数据位宽说明

变量/寄存器	c[ ]	x	shift_reg[ ]	y	axi_lite	I2S_DATA_REG
数据类型	short	short	short	int	—	—
位宽	16	16	16	32	32	32
有效位宽	15	15	15	31	—	24

TestBench 代码如下：

```c
#include <stdio. h>
#include <math. h>
#include " fir. h"

int main( )
{
    const int SAMPLES = 85;
    data_t signal,output;
    int i;
    signal = 0;

    for( i = 0;i < SAMPLES;i++)          //冲激序列
    {
    if( i = = 0)
        signal = 0x8000;
    else
        signal = 0;
    fir( & output,signal);   //将 output 地址、signal 传回 fir
    printf("%i %hd %hd\n ",i,signal,output);
    }
    return 0;
}
```

TestBench 代码用于检测算法正确性,基本思路是输入一个脉冲序列,大小为 −32 768,如果结果正确,则输出为滤波器的脉冲响应,即滤波器系数的相反数。

（2）C 仿真

C Simulation 的结果如图 6.34 所示,第一列为序号,第二列为输入值,第三列为结果。可以看到,输出为滤波器系数的相反数,C 仿真结果表明算法是正确的。

（3）综合与优化

对默认设置、loop_pipeline 优化、loop_pipeline 加上 x、y、fir 控制模块做 s_axilite 约束的 3 种情况进行 Solution 分析,如图 6.35 所示。

可以看出,三种情况的 Latency 和 Interval 一样,这可能是由于 HLS 经过几次版本升级,软件本身自动优化功能越来越强。

（4）生成 RTL IP

C 综合完成后,点击 EXPORT RTL,HLS 会自动封装 fir 函数,并生成配套驱动,同时生成本次设计的 IP 核,在... \solution3\impl \ip\路径下可以找到该 IP。

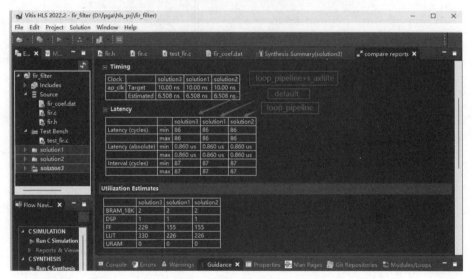

```
0 -32768 -4     21 0 -274     42 0 -3437     63 0 -35
1 0 -12         22 0 -205     43 0 -2871     64 0 30
2 0 -19         23 0 -81      44 0 -2207     65 0 76
3 0 -26         24 0 90       45 0 -1508     66 0 99
4 0 -29         25 0 290      46 0 -837      67 0 101
5 0 -29         26 0 487      47 0 -249      68 0 87
6 0 -22         27 0 647      48 0 215       69 0 64
7 0 -9          28 0 730      49 0 533       70 0 36
8 0 10          29 0 700      50 0 700       71 0 10
9 0 36          30 0 533      51 0 730       72 0 -9
10 0 64         31 0 215      52 0 647       73 0 -22
11 0 87         32 0 -249     53 0 487       74 0 -29
12 0 101        33 0 -837     54 0 290       75 0 -29
13 0 99         34 0 -1508    55 0 90        76 0 -26
14 0 76         35 0 -2207    56 0 -81       77 0 -19
15 0 30         36 0 -2871    57 0 -205      78 0 -12
16 0 -35        37 0 -3437    58 0 -274      79 0 -4
17 0 -113       38 0 -3850    59 0 -288      80 0 0
18 0 -192       39 0 -4068    60 0 -255      81 0 0
19 0 -255       40 0 -4068    61 0 -192      82 0 0
20 0 -288       41 0 -3850    62 0 -113      83 0 0
```

图 6.34　C 仿真结果

图 6.35　C 综合的 Solution 比较

6.4.3　Vivado 创建工程

将 HLS 导出的 FIR IP 和 digilent 下载的 ADAU-1761 音频编解码器的驱动模块 zed_audio_ctrl 添加到 Vivado IP 库中,接着新建 Blcok Design 命名为 fir,添加 ZYNQ7、Concat、zed_audio_ctrl、AXI GPIO,再添加 2 个 FIR IP,分别命名为 fir_right 和 fir_left,自动连线后,部分连线需要手动连接,连接完成后如图 6.36 所示。

ZYNQ7 Processing System 设置中,Peripheral I/O Pins 去掉所有默认勾选,只勾选 UART 1、I2C 1 和 GPIO MIO,Bank 1 电压改为 3.3 V,如图 6.37 所示。

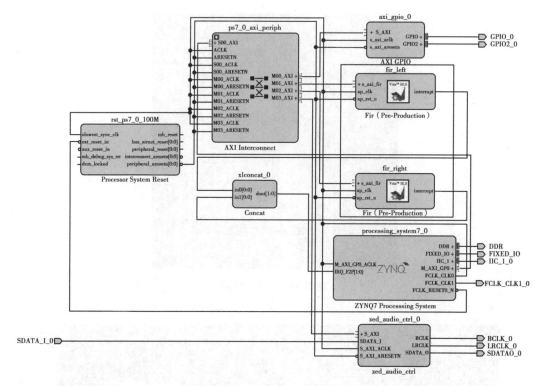

图 6.36　Block Design 设计图

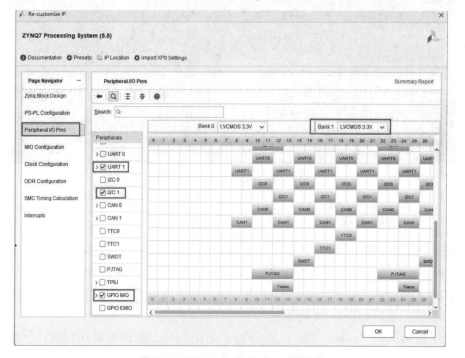

图 6.37　Peripheral I/O Pins 设置图

在 Clock Configuration 中 FCLK_CLK0 和 FCLK_CLK1 的频率分别设置为 50 MHz 和 10 MHz,如图 6.38 所示。Interrupts 勾选中断 IRQ_F2P[15:0]。

AXI_GPIO 配置为双通道,如图 6.39 所示。其中,GPIO[0]、GPIO [1]分别接 PYNQ-Z2
开发板 Audio 的 M17 和 M18 引脚,GPIO2 接 Switch0。

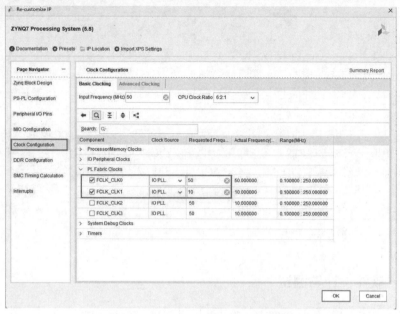

图 6.38　Clock Configuration 配置图

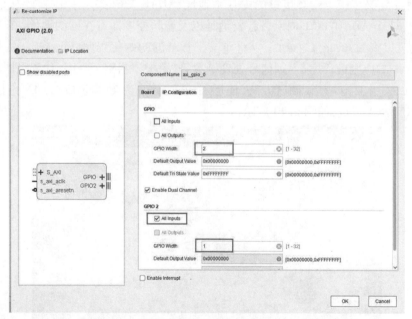

图 6.39　AXI GPIO 设置图

约束文件如下:

```
##Switches constraints
set_property-dict {PACKAGE_PIN M20   IOSTANDARD LVCMOS33} [get_ports {GPIO2_0_tri_i[0]}];
```

```
##Audio address constraints
set_property-dict {PACKAGE_PIN M17   IOSTANDARD LVCMOS33} [get_ports {GPIO_0_tri_io[0]}];
set_property-dict {PACKAGE_PIN M18   IOSTANDARD LVCMOS33} [get_ports {GPIO_0_tri_io[1]}];
#Audio MCLK constraints
set_property-dict {PACKAGE_PIN U5   IOSTANDARD LVCMOS33} [get_ports {FCLK_CLK1_0}];
set_property-dict {PACKAGE_PIN T9  IOSTANDARD LVCMOS33} [get_ports {IIC_1_0_sda_io}];
set_property-dict {PACKAGE_PIN U9  IOSTANDARD LVCMOS33} [get_ports {IIC_1_0_scl_io}];
#Audio Related constraints
set_property-dict {PACKAGE_PIN F17   IOSTANDARD LVCMOS33} [get_ports {SDATA_I_0}];
set_property-dict {PACKAGE_PIN G18   IOSTANDARD LVCMOS33} [get_ports {SDATA_O_0}];
set_property-dict {PACKAGE_PIN T17   IOSTANDARD LVCMOS33} [get_ports {LRCLK_0}];
set_property-dict {PACKAGE_PIN R18   IOSTANDARD LVCMOS33} [get_ports {BCLK_0}];
set_property PULLUPtrue [get_ports IIC_1_0_scl_io];
set_property PULLUPtrue [get_ports IIC_1_0_sda_io];
```

6.4.4　Vitis 软件设计与测试

启动 Vitis 创建工程,添加 pynq_z2_audio.h 和 pynq_z2_testapp.c 文件。其中,pynq_z2_audio.h 文件中定义了板卡音频接口的内存基地址、ADAU-1761 音频控制器的从地址、I²C 串行时钟频率、67 个 ADAU-1761 内部寄存器地址以及音频控制器寄存器的地址,在 ADAU-1761 数据手册中可以查阅;pynq_z2_test.c 文件定义了板卡的初始化程序、Fir 函数、两个滤波器的控制模块、中断响应服务程序、音频信号处理函数等,用于控制整个程序,代码见附录。

本次测试采用 JTAG 在线调试方法,使用一根 3.5mm 音频线将 LINE-IN 连接电脑音频口,LINE-OUT 插入耳机,如图 6.40 所示。

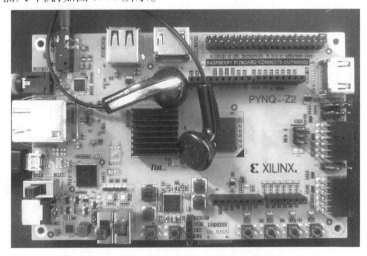

图 6.40　PYNQ-Z2 实物测试图

电脑播放一段混合蜂鸣器噪声的音乐,分别将 SW0 设置为 OFF 和 ON,音频处理软件 Cool Edit Pro 分析两种情况下的声音频谱,结果如图 6.41 所示。

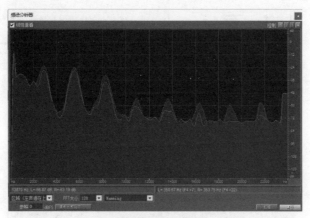

（a）滤波前（OFF）频谱

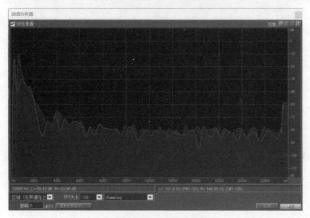

（b）滤波后（ON）频谱

图 6.41 滤波前后声音频谱对比

pynq_z2_audio. h 内容如下:

```c
#ifndef __AUDIO_H_
#define __AUDIO_H_
#include "xparameters. h"

// Base addresses
#define AUDIO_BASE XPAR_ZED_AUDIO_CTRL_0_BASEADDR
// Slave address for the ADAU audio controller
#define IIC_SLAVE_ADDR 0x76
// I2C Serial Clock frequency in Hertz
#define IIC_SCLK_RATE 400000

// ADAU internal registers from ADAU-1761 Data Sheet
enum audio_regs{
    R0_CLOCK_CONTROL                                    = 0x00,
    R1_PLL_CONTROL                                      = 0x02,
    R2_DIGITAL_MIC_JACK_DETECTION_CONTROL               = 0x08,
    R3_RECORD_POWER_MANAGEMENT                          = 0x09,
    R4_RECORD_MIXER_LEFT_CONTROL_0                      = 0x0A,
    R5_RECORD_MIXER_LEFT_CONTROL_1                      = 0x0B,
    R6_RECORD_MIXER_RIGHT_CONTROL_0                     = 0x0C,
    R7_RECORD_MIXER_RIGHT_CONTROL_1                     = 0x0D,
    R8_LEFT_DIFFERENTIAL_INPUT_VOLUME_CONTROL           = 0x0E,
    R9_RIGHT_DIFFERENTIAL_INPUT_VOLUME_CONTROL          = 0x0F,
    R10_RECORD_MICROPHONE_BIAS_CONTROL                  = 0x10,
    R11_ALC_CONTROL_0                                   = 0x11,
    R12_ALC_CONTROL_1                                   = 0x12,
    R13_ALC_CONTROL_2                                   = 0x13,
    R14_ALC_CONTROL_3                                   = 0x14,
    R15_SERIAL_PORT_CONTROL_0                           = 0x15,
    R16_SERIAL_PORT_CONTROL_1                           = 0x16,
    R17_CONVERTER_CONTROL_0                             = 0x17,
    R18_CONVERTER_CONTROL_1                             = 0x18,
    R19_ADC_CONTROL                                     = 0x19,
```

```
    R20_LEFT_INPUT_DIGITAL_VOLUME      = 0x1A,
    R21_RIGHT_INPUT_DIGITAL_VOLUME     = 0x1B,
    R22_PLAYBACK_MIXER_LEFT_CONTROL_0   = 0x1C,
    R23_PLAYBACK_MIXER_LEFT_CONTROL_1   = 0x1D,
    R24_PLAYBACK_MIXER_RIGHT_CONTROL_0   = 0x1E,
    R25_PLAYBACK_MIXER_RIGHT_CONTROL_1   = 0x1F,
    R26_PLAYBACK_LR_MIXER_LEFT_LINE_OUTPUT_CONTROL   = 0x20,
    R27_PLAYBACK_LR_MIXER_RIGHT_LINE_OUTPUT_CONTROL = 0x21,
    R28_PLAYBACK_LR_MIXER_MONO_OUTPUT_CONTROL = 0x22,
    R29_PLAYBACK_HEADPHONE_LEFT_VOLUME_CONTROL = 0x23,
    R30_PLAYBACK_HEADPHONE_RIGHT_VOLUME_CONTROL = 0x24,
    R31_PLAYBACK_LINE_OUTPUT_LEFT_VOLUME_CONTROL = 0x25,
    R32_PLAYBACK_LINE_OUTPUT_RIGHT_VOLUME_CONTROL = 0x26,
    R33_PLAYBACK_MONO_OUTPUT_CONTROL = 0x27,
    R34_PLAYBACK_POP_CLICK_SUPPRESSION      = 0x28,
    R35_PLAYBACK_POWER_MANAGEMENT = 0x29,
    R36_DAC_CONTROL_0    = 0x2A,
    R37_DAC_CONTROL_1    = 0x2B,
    R38_DAC_CONTROL_2    = 0x2C,
    R39_SERIAL_PORT_PAD_CONTROL   = 0x2D,
    R40_CONTROL_PORT_PAD_CONTROL_0 = 0x2F,
    R41_CONTROL_PORT_PAD_CONTROL_1 = 0x30,
    R42_JACK_DETECT_PIN_CONTROL    = 0x31,
    R67_DEJITTER_CONTROL     = 0x36,
    R58_SERIAL_INPUT_ROUTE_CONTROL = 0xF2,
    R59_SERIAL_OUTPUT_ROUTE_CONTROL = 0xF3,
    R61_DSP_ENABLE    = 0xF5,
    R62_DSP_RUN  = 0xF6,
    R63_DSP_SLEW_MODES = 0xF7,
    R64_SERIAL_PORT_SAMPLING_RATE = 0xF8,
    R65_CLOCK_ENABLE_0 = 0xF9,
    R66_CLOCK_ENABLE_1 = 0xFA
};
// Audio controller registers from ADAU-1761 Data Sheet
enum i2s_regs{
    I2S_DATA_RX_L_REG = 0x00 + AUDIO_BASE,
    I2S_DATA_RX_R_REG = 0x04 + AUDIO_BASE,
    I2S_DATA_TX_L_REG = 0x08 + AUDIO_BASE,
    I2S_DATA_TX_R_REG = 0x0c + AUDIO_BASE,
    I2S_STATUS_REG = 0x10 + AUDIO_BASE
};
#endif
```

pynq_z2_test. c 内容如下：

```
#include <stdio. h>
#include <xil_io. h>
#include <sleep. h>
#include " xiicps. h "
#include <xil_printf. h>
#include <xparameters. h>
#include " xfir. h "
#include " xuartps. h "
#include " xscutimer. h "
#include " xscugic. h "
#include " pynq_z2_audio. h "

unsigned charIicConfig( unsigned int DeviceIdPS);
voidAudioPllConfig( );
voidAudioWriteToReg( unsigned char u8RegAddr, unsigned char u8Data);
voidAudioConfigureJacks( );
voidLineinLineoutConfig( );
XIicPs Iic;
typedef short Xint16;
typedef long Xint32;
XFir HlsFir_left, HlsFir_right;
XScuGic ScuGic;
int ResultAvailHlsFir_left, ResultAvailHlsFir_right;

int hls_fir_init( XFir * hls_firPtr_left, XFir * hls_firPtr_right)
{
    XFir_Config * cfgPtr_left, * cfgPtr_right;
    int status;

    cfgPtr_left = XFir_LookupConfig( XPAR_FIR_LEFT_DEVICE_ID);
    if ( !cfgPtr_left) {
        print("ERROR: Lookup of Left FIR configuration failed. \n\r ");
        return XST_FAILURE;
    }

    status = XFir_CfgInitialize( hls_firPtr_left, cfgPtr_left);
    if ( status != XST_SUCCESS) {
        print("ERROR: Could not initialize left FIR. \n\r ");
        return XST_FAILURE;
```

```
    }

    cfgPtr_right = XFir_LookupConfig( XPAR_FIR_RIGHT_DEVICE_ID);
    if ( !cfgPtr_right) {
        print(" ERROR: Lookup of Right FIR configuration failed. \n\r ");
        return XST_FAILURE;
    }

    status = XFir_CfgInitialize( hls_firPtr_right, cfgPtr_right);
    if ( status != XST_SUCCESS) {
        print(" ERROR: Could not initialize right FIR. \n\r ");
        return XST_FAILURE;
    }
    return status;
}

void hls_fir_left_isr( void * InstancePtr)
{

    XFir * pAccelerator = ( XFir * ) InstancePtr;
    XFir_InterruptClear( pAccelerator,1);
    ResultAvailHlsFir_left = 1;
}

void hls_fir_right_isr( void * InstancePtr)
{

    XFir * pAccelerator = ( XFir * ) InstancePtr;
    XFir_InterruptClear( pAccelerator,1);
    ResultAvailHlsFir_right = 1;
}

int setup_interrupt( )
{

    int result;

    XScuGic_Config * pCfg = XScuGic_LookupConfig( XPAR_SCUGIC_0_DEVICE_ID);
    if ( pCfg == NULL) {
        print(" Interrupt Configuration Lookup Failed\n\r ");
        return XST_FAILURE;
    }

    result = XScuGic_CfgInitialize( &ScuGic,pCfg,pCfg->CpuBaseAddress);
```

```
        if( result != XST_SUCCESS) {
            return result;
        }


        result = XScuGic_SelfTest( &ScuGic );
        if( result != XST_SUCCESS) {
            return result;
        }


        Xil_ExceptionInit( );
Xil_ExceptionRegisterHandler ( XIL_EXCEPTION_ID_INT, ( Xil_ExceptionHandler ) XScuGic_Inter-
ruptHandler,&ScuGic );
        Xil_ExceptionEnable( );


        result =
XScuGic_Connect( &ScuGic,XPAR_FABRIC_FIR_LEFT_INTERRUPT_INTR,( Xil_InterruptHandler ) hls_fir
_left_isr,&HlsFir_left );
        if( result != XST_SUCCESS) {
            return result;
        }
        result =
XScuGic_Connect( &ScuGic,XPAR_FABRIC_FIR_RIGHT_INTERRUPT_INTR,( Xil_InterruptHandler ) hls_
fir_right_isr,&HlsFir_right );
        if( result != XST_SUCCESS) {
            return result;
        }


        XScuGic_Enable( &ScuGic,XPAR_FABRIC_FIR_LEFT_INTERRUPT_INTR );
        XScuGic_Enable( &ScuGic,XPAR_FABRIC_FIR_RIGHT_INTERRUPT_INTR );
        return XST_SUCCESS;
}

void filter_or_bypass_input( void )
{
    unsigned long u32DataL, u32DataR;
    unsigned long u32Temp;
    int sw_check;
    while ( 1 )
    {
    do
    {
```

```
            u32Temp = Xil_In32( I2S_STATUS_REG );
    }
    while (  u32Temp == 0 );
    Xil_Out32( I2S_STATUS_REG, 0x00000001 ); // Clear data rdy bit
    u32DataL = Xil_In32( I2S_DATA_RX_L_REG );
    u32DataR = Xil_In32( I2S_DATA_RX_R_REG );
    sw_check = Xil_In32( XPAR_AXI_GPIO_0_BASEADDR+8 );
    if( sw_check == 1 )    // SW0 =1 ===> FIR Filter
    {
            u32DataL = u32DataL >> 8;
            u32DataR = u32DataR >> 8;

            XFir_Set_x( &HlsFir_left, u32DataL );
            XFir_Set_x( &HlsFir_right, u32DataR );

            ResultAvailHlsFir_left = 0;
            ResultAvailHlsFir_right = 0;
            XFir_Start( &HlsFir_left );
            XFir_Start( &HlsFir_right );

            while( !ResultAvailHlsFir_left );
            u32DataL = XFir_Get_y( &HlsFir_left );
            while( !ResultAvailHlsFir_right );
            u32DataR = XFir_Get_y( &HlsFir_right );
            u32DataL = u32DataL << 8;
            u32DataR = u32DataR << 8;
    }
    Xil_Out32( I2S_DATA_TX_L_REG, u32DataL );
    Xil_Out32( I2S_DATA_TX_R_REG, u32DataR );
    }
}

int main( void )
{
    int status;
    IicConfig( XPAR_XIICPS_0_DEVICE_ID );
    AudioPllConfig( );
    AudioConfigureJacks( );
    LineinLineoutConfig( );
    xil_printf( " ADAU1761 configured\n\r " );
    status = hls_fir_init( &HlsFir_left, &HlsFir_right );
```

```
    if( status != XST_SUCCESS){
        print("HLS peripheral setup failed\n\r");
        return(-1);
    }
    status = setup_interrupt();
    if( status != XST_SUCCESS){
        print("Interrupt setup failed\n\r");
        return(-1);
    }
    XFir_InterruptEnable(&HlsFir_left,1);
    XFir_InterruptGlobalEnable(&HlsFir_left);
    XFir_InterruptEnable(&HlsFir_right,1);
    XFir_InterruptGlobalEnable(&HlsFir_right);
    ResultAvailHlsFir_left = 0;
    ResultAvailHlsFir_right = 0;
    filter_or_bypass_input();
    return 0;
}


unsigned charIicConfig( unsigned int DeviceIdPS)
{
    XIicPs_Config * Config;
    int Status;
    Config = XIicPs_LookupConfig( DeviceIdPS);
    if( NULL == Config) {
        return XST_FAILURE;
    }
    Status = XIicPs_CfgInitialize(&Iic, Config, Config->BaseAddress);
    if( Status != XST_SUCCESS) {
        return XST_FAILURE;
    }
    //Set the IIC serial clock rate.
    XIicPs_SetSClk(&Iic, IIC_SCLK_RATE);
    return XST_SUCCESS;
}


voidAudioPllConfig()
{
    unsigned char u8TxData[8], u8RxData[6];
    AudioWriteToReg( R0_CLOCK_CONTROL, 0x0E);
    u8TxData[0] = 0x40;
```

```
    u8TxData[1] = 0x02;
    u8TxData[2] = 0x02; // byte 1
    u8TxData[3] = 0x71; // byte 2
    u8TxData[4] = 0x02; // byte 3
    u8TxData[5] = 0x3C; // byte 4
    u8TxData[6] = 0x21; // byte 5
    u8TxData[7] = 0x01; // byte 6
    XIicPs_MasterSendPolled(&Iic, u8TxData, 8, (IIC_SLAVE_ADDR >> 1));
    while(XIicPs_BusIsBusy(&Iic));
    u8TxData[0] = 0x40;
    u8TxData[1] = 0x02;
    do {
        XIicPs_MasterSendPolled(&Iic, u8TxData, 2, (IIC_SLAVE_ADDR >> 1));
        while(XIicPs_BusIsBusy(&Iic));
        XIicPs_MasterRecvPolled(&Iic, u8RxData, 6, (IIC_SLAVE_ADDR >> 1));
        while(XIicPs_BusIsBusy(&Iic));
    }
    while((u8RxData[5] & 0x02) == 0);
    AudioWriteToReg(R0_CLOCK_CONTROL, 0x0F);//COREN
}

voidAudioWriteToReg(unsigned char u8RegAddr, unsigned char u8Data) {
    unsigned char u8TxData[3];
    u8TxData[0] = 0x40;
    u8TxData[1] = u8RegAddr;
    u8TxData[2] = u8Data;
    XIicPs_MasterSendPolled(&Iic, u8TxData, 3, (IIC_SLAVE_ADDR >> 1));
    while(XIicPs_BusIsBusy(&Iic));
}

voidAudioConfigureJacks()
{
    AudioWriteToReg(R4_RECORD_MIXER_LEFT_CONTROL_0, 0x01); //enable mixer 1
    AudioWriteToReg(R5_RECORD_MIXER_LEFT_CONTROL_1, 0x07); //unmuteLeft channel of line
in into mxr 1 and set gain to 6 db
    AudioWriteToReg(R6_RECORD_MIXER_RIGHT_CONTROL_0, 0x01); //enable mixer 2
    AudioWriteToReg(R7_RECORD_MIXER_RIGHT_CONTROL_1, 0x07);
    AudioWriteToReg(R19_ADC_CONTROL, 0x13); //enable ADCs
    AudioWriteToReg(R22_PLAYBACK_MIXER_LEFT_CONTROL_0, 0x21);
    AudioWriteToReg(R24_PLAYBACK_MIXER_RIGHT_CONTROL_0, 0x41);
    AudioWriteToReg(R26_PLAYBACK_LR_MIXER_LEFT_LINE_OUTPUT_CONTROL, 0x05);
    AudioWriteToReg(R27_PLAYBACK_LR_MIXER_RIGHT_LINE_OUTPUT_CONTROL, 0x11);
    AudioWriteToReg(R29_PLAYBACK_HEADPHONE_LEFT_VOLUME_CONTROL, 0x00);
```

```
        AudioWriteToReg(R30_PLAYBACK_HEADPHONE_RIGHT_VOLUME_CONTROL, 0x00);
        AudioWriteToReg(R31_PLAYBACK_LINE_OUTPUT_LEFT_VOLUME_CONTROL, 0xE6);
        AudioWriteToReg(R32_PLAYBACK_LINE_OUTPUT_RIGHT_VOLUME_CONTROL, 0xE6);
        AudioWriteToReg(R35_PLAYBACK_POWER_MANAGEMENT, 0x03);
        AudioWriteToReg(R36_DAC_CONTROL_0, 0x03);
        AudioWriteToReg(R58_SERIAL_INPUT_ROUTE_CONTROL, 0x01);
        AudioWriteToReg(R59_SERIAL_OUTPUT_ROUTE_CONTROL, 0x01);
        AudioWriteToReg(R65_CLOCK_ENABLE_0, 0x7F); // Enable clocks
        AudioWriteToReg(R66_CLOCK_ENABLE_1, 0x03); // Enable rest of clocks
}

voidLineinLineoutConfig() {
        AudioWriteToReg(R17_CONVERTER_CONTROL_0, 0x06);//96 kHz 24 * 2 * 2
        AudioWriteToReg(R64_SERIAL_PORT_SAMPLING_RATE, 0x06);//96 kHz 24 * 2 * 2
        AudioWriteToReg(R19_ADC_CONTROL, 0x13);
        AudioWriteToReg(R36_DAC_CONTROL_0, 0x03);
        AudioWriteToReg(R35_PLAYBACK_POWER_MANAGEMENT, 0x03);
        AudioWriteToReg(R58_SERIAL_INPUT_ROUTE_CONTROL, 0x01);
        AudioWriteToReg(R59_SERIAL_OUTPUT_ROUTE_CONTROL, 0x01);
        AudioWriteToReg(R65_CLOCK_ENABLE_0, 0x7F);
        AudioWriteToReg(R66_CLOCK_ENABLE_1, 0x03);
        AudioWriteToReg(R4_RECORD_MIXER_LEFT_CONTROL_0, 0x01);
        AudioWriteToReg(R5_RECORD_MIXER_LEFT_CONTROL_1, 0x05);    //0 dBgain
        AudioWriteToReg(R6_RECORD_MIXER_RIGHT_CONTROL_0, 0x01);
        AudioWriteToReg(R7_RECORD_MIXER_RIGHT_CONTROL_1, 0x05);    //0 dBgain
        AudioWriteToReg(R22_PLAYBACK_MIXER_LEFT_CONTROL_0, 0x21);
        AudioWriteToReg(R24_PLAYBACK_MIXER_RIGHT_CONTROL_0, 0x41);
        AudioWriteToReg(R26_PLAYBACK_LR_MIXER_LEFT_LINE_OUTPUT_CONTROL, 0x03);
        AudioWriteToReg(R27_PLAYBACK_LR_MIXER_RIGHT_LINE_OUTPUT_CONTROL, 0x09);
        AudioWriteToReg(R29_PLAYBACK_HEADPHONE_LEFT_VOLUME_CONTROL, 0xE7);
        AudioWriteToReg(R30_PLAYBACK_HEADPHONE_RIGHT_VOLUME_CONTROL, 0xE7);
        AudioWriteToReg(R31_PLAYBACK_LINE_OUTPUT_LEFT_VOLUME_CONTROL, 0x00);//0 dB
        AudioWriteToReg(R32_PLAYBACK_LINE_OUTPUT_RIGHT_VOLUME_CONTROL, 0x00);
}
```

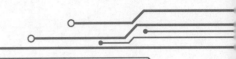

参考文献

［1］赵吉成,王智勇.Xilinx FPGA 设计与实践教程［M］.西安:西安电子科技大学出版社,2012.

［2］卢有亮.Xilinx FPGA 原理与实践:基于 Vivado 和 Verilog HDL［M］.北京:机械工业出版社,2018.

［3］李勇,何勇,朱晋.FPGA/Verilog 技术基础与工程应用实例［M］.北京:清华大学出版社,2016.

［4］张定祥.基于 Verilog HDL 的 FPGA 项目开发教程［M］.北京:电子工业出版社,2022.

［5］符晓,张国斌,朱洪顺.Xilinx ZYNQ-7000 AP SoC 开发实战指南［M］.北京:清华大学出版社,2016.

［6］杜勇.Xilinx FPGA 数字信号处理设计:基础版［M］.北京:电子工业出版社,2021.

［7］寇强.Xilinx FPGA 工程师成长手记［M］.北京:清华大学出版社,2024.